做人圆通
做事变通

冯园涛 ◎ 编著

中国华侨出版社
·北京·

图书在版编目(CIP)数据

做人圆通　做事变通 / 冯园涛编著 .—北京：中国华侨出版社，2011.4（2025.6重印）

ISBN 978-7-5113-1136-8

Ⅰ.①做… Ⅱ.①冯… Ⅲ.①人生哲学—通俗读物 Ⅳ.① B821-49

中国版本图书馆 CIP 数据核字（2011）第 043173 号

做人圆通　做事变通

编　　著：	冯园涛
责任编辑：	唐崇杰
封面设计：	胡椒书衣
经　　销：	新华书店
开　　本：	710 mm×1000 mm　1/16 开　　印张：12　　字数：137 千字
印　　刷：	三河市富华印刷包装有限公司
版　　次：	2011 年 4 月第 1 版
印　　次：	2025 年 6 月第 2 次印刷
书　　号：	ISBN 978-7-5113-1136-8
定　　价：	49.80 元

中国华侨出版社　北京市朝阳区西坝河东里 77 号楼底商 5 号　邮编：100028
发 行 部：（010）64443051　　　　　　传　真：（010）64439708

如果发现印装质量问题，影响阅读，请与印刷厂联系调换。

前言
preface

人生是一张单程车票，你绝对不可能凭这张票回到生命的起点，在同样的一生中，为什么有的人能干出一番惊天动地、轰轰烈烈的大事业，有的人却一辈子默默无闻、一事无成？究其原因有很多，但最重要的一点就是：前者能够通晓遵循做人做事的哲学；而后者则不懂得把握这些哲学，或者说是把握的比较欠缺。"世事洞明皆学问，人情练达即文章。"做人做事是一种境界，也是一门学问，洞悉其中的精髓，才能很好地立足，才能赢得人生最丰厚的回报。

提起做人与做事，许多人会说，我时时在做人，天天在做事，这是再简单不过的事情嘛。事实果真如此吗？我们看到有的人在社会上关系难搞、事情难做、举步维艰，而另有一些人则是人脉广博、诸事顺畅。究其原因，正是二者在做人做事的艺术方面功力深与浅的区别罢了。

自古到今的事例说明，不依靠外界的力量以及他人的帮助，凭借自我实力是很难获得成功的。我们在做人做事的时候，有一点"心机"，也就是说在做人的时候应当"圆通"一些，在做事的时候，应当"变通"一些。

做人圆通　做事变通

为此，我们编撰了《做人圆通　做事变通》一书。我们在如今这个竞争越来越激烈的社会环境中，如果不懂得灵活变通，在必要的时候采取一定的技巧，就会四处碰壁，不仅严重影响到我们做事的效率，还会对自身的发展带来巨大的障碍。这里的灵活变通，指的就是我们在做人做事的时候，"圆通"一点、"变通"一点。但是本书所指的圆通，并不是以处心积虑之心去谋害他人，要阴谋手段把自己的成功建立在别人的痛苦之上；它只是为人处世的一种智慧和谋略，是教我们在现今的环境中，如何更好地把握住机遇，找到快捷方式，更为轻松、顺利、便捷地把事情做好，实现自我人生理想，成就自我的智慧和谋略。

目录
contents

第一章
做人低调　做事张扬
——高低相融展示圆通和变通的思想精髓

大张旗鼓地推销自己 // 002

展露表现欲，争取自己该得的东西 // 004

别将自己的意见强加于人 // 007

弓越弯才能射得越远 // 009

想办法让自己的长处发挥作用 // 012

太惹人注意也会有代价 // 015

适当时候保持沉默 // 018

第二章
做人宽容　做事严谨
——宽严之间体现圆通和变通的最高境界

千万别乱开玩笑 // 022

大事小事都要严谨 // 024

以退为进 // 025

为人处世不能气量狭小 // 027

大度能容 // 029

做事不能没有分寸 // 031

在宽严之间找到一个结合点 // 034

第三章
做人真实　做事包装
——实虚结合阐释圆通和变通的辩证统一

保持本色，不为迎合别人而改变自己 // 038

最简单的才是最真实的 // 040

目 录

展示自己最好的一面——学会微笑 // 042

好口才是解决问题的利器 // 046

培养自己独特的气质 // 049

做事情不要把喜怒挂在脸上 // 052

真实与包装并不矛盾 // 055

第四章
做人独立 做事协作
——寡众相随秀出圆通和变通的独特魅力

不要随波逐流 // 058

独立激发出潜能 // 061

用"和"把双输变成双赢 // 064

在独立与协作中学会知人知己 // 068

以合作求生存 // 071

知对手之心也很重要 // 072

为人处世要以和为贵 // 074

第五章
做人胆大　做事心细
——大小融合收获圆通和变通的丰硕成果

最大的恐惧是恐惧本身 // 078

心细如发才能做成他人做不到的事 // 084

要细心地关注他人的意图 // 087

对待小事的态度也要认真 // 093

以足够的胆量坚持自己的意见 // 095

该出手时就出手 // 098

敢异想则天开 // 100

有意识地消除恐惧、紧张的心理 // 104

在胆大心细中寻求做人做事的突破 // 106

第六章
做人糊涂　做事精明
——内外有别展现圆通和变通的聪明智慧

秘密，听不得更讲不得 // 110

糊涂说话妙处多 // 112

揣着明白装糊涂 // 116

明话也要含糊说 // 121

糊涂应对请求 // 123

顾左右而言他 // 124

忠言逆耳加糖衣 // 126

第七章
做人厚道　做事灵活
——守恒转化力求圆通和变通的八面玲珑

随机应变灵活办事 // 130

求变者创新者永远立于不败之地 // 134

改变自己僵化的思维 // 138

灵活应对各种合作者 // 144

不懂规矩，寸步难行 // 148

好习惯是成事的法宝 // 151

放弃就是跨越 // 154

识时务者为俊杰 // 158

第八章
做人简单　做事三思
——前后排列迸发圆通和变通的无比威力

谋定后动让你从容不迫 // 162

世事如棋，三思而后行 // 164

谨慎是做人处世的秘诀 // 167

至少要有七成胜算才可行事 // 168

步步为营步步赢 // 171

没搞清楚之前，不要轻易作决定 // 173

凡事三思，想想后果 // 175

外圆而内方是做人之守则 // 178

第一章

做人低调　做事张扬

——高低相融展示圆通和变通的思想精髓

张扬是一面感性的镜子，要求我们要善于把握机遇，发挥自己的优势，充分展现自我风采。低调是理性的化妆，给人以自然美的印象，只有这样的美才会深入人心。低调做人，要求我们勿将自己的意见强加于人，不要指望别人感激你。具有低调的性格特点和张扬的行事风格的人就像对着镜子进行"理性的化妆"一样，会在人生的道路上展现出迷人的风采，也能够展示出圆通和变通的思想精髓来。

做人圆通　做事变通

大张旗鼓地推销自己

性格外露的人就好像是个热情的推销员，能很快把自己推销给周围的人。一个人要想在社会生活中取得明显绩效，就一刻也离不开他人的理解、支持和配合，而要想获得别人良好的对待，就必须首先使自己的价值、目的、要求等为人所知。这就是宣传自己，那些处处隐藏真实自己的人，只会在竞争激烈的环境下被淘汰。

唐代四川才子陈子昂进京赶考，当时他的名字无人知晓。他整日冥思苦想，如何才能提高自己的声望。

有一次，街上有个人卖胡琴，要价一百万。那些豪绅贵族们打量了许久，无人能识出真假。这时，陈子昂突然出现在卖主面前，对卖琴的人说："到我家去取钱吧！这琴我买下了！"众人很吃惊，陈子昂答道："我善于演奏这种乐器。"大家都说："可以听听你演奏的曲子吗？"陈子昂说："如果愿意，你们明日可以到宜阳里会合，到时我为大家演奏。"

第二天，众人纷纷赶到宜阳里，只见陈子昂已将酒菜准备齐全，胡琴就放在席前。吃喝完毕，陈子昂激动地对众人说："我陈子昂本是四川才子，有文章一百轴。可惜的是，我来到京城，风尘仆仆，却不为人知。这种乐器是低贱的乐工所演奏的，我怎么会对这玩意感兴趣呢？"

说罢，举起胡琴摔碎在地上，然后，把文轴遍赠予参加宴席的人。

说来也真神，几日之内，陈子昂的名声便响遍了京城。

看来，才子陈子昂在宣传自己方面也很内行。他抓住当时人们注重才能技艺的心理，借助高价购琴，吸引人们的注意力，最终达到了宣传自己的目的。

无独有偶，东海地方有位姓钱的老头，也很懂得宣传自己的道理。

这位钱老头从小户人家发家致富。有了钱之后，想搬到城里去住。有人告诉他，城里有一处房宅，开价700两银子，房主就要卖了，应该赶快去买来。钱老头儿看了房子，然后，用1000两银子的价格谈成了交易。子侄们很不理解，都说："这房子已经有了定价，您多花300两银子做什么？难道是有钱没地方花了吗？"老头儿笑道："这道理不是你们所能懂得的。我们是小户人家，房主不把房子卖给别人而卖给我们，不提高点价格，怎么能堵住大伙儿的嘴？况且，房主的欲望得不到满足，肯定和你纠缠不清。我多花300两银子，房主的欲望满足了，那些想买这房子的人们再也不敢在我的房子上面打主意了。从此以后，这房宅作为我钱家的产业，就可以世代相传了。"

事情正如钱老头所料，这家房主对其他卖出的房子，出手之后大都嫌价钱低，要求加价，争个不停，而钱家买的房子却没引起争端。

陈子昂和钱老头儿的做法，有一个共同之处，就是宣传自己，通过外露的方式，解决了想要解决的问题。

早在古希腊时期，有权有势的王公贵族为了树立自己的形象，便雇诗人给他们写赞美诗。罗马人还雇用游说者赞美主人的美德。罗马的著名人物恺撒，使用宣传自己的心术，极为成功。他曾被派遣高卢去统率军队，在罗马军团进军途中，他命人把自己军队的情况及时送往罗马。这些战报使用人民的语言，生动幽默，常常在罗马广场被人们传诵。因为他自我宣传做得出色，当他作为胜利军队的领袖返回罗马以后，人们拥护他做了皇帝。

宣传自己的战术，在现代社会得到越来越多的人的注意。公共关系学出现以后，将宣传自己作为核心内容纳入到自己的体系之中，进一步扩大了它的影响。从一定意义上说，生活在当今时代，企业不会宣传自己，就不会赢得更多的利润，领导不会宣传自己，就不能获得广泛而深远的影响力，演员不会宣传自己，就不会有很多的观众，教师不会宣传自己，就不会得到学生的信任和爱戴……

不能宣传自己，就会埋没自己！

展露表现欲，争取自己该得的东西

人的一生所能遇到的大机会并不多，当机会出现时要懂得去争取，要有一种舍我其谁的表现欲才行。

"世有伯乐，然后有千里马"，一匹千里马如果能遇到伯乐是十分幸运的，但"千里马常有，而伯乐不常有"。一个人才要想脱颖而出就要善于外露，在外露中展示自己的才能。

孔子说：只要行仁义的事，就是在老师面前也不必谦让。

在《里仁》篇里，孔子曾说：君子对于天下的事，无可无不可，只要符合正义的就行。所以，孔子的学生说他是"毋必，毋固"，即不死板、不固执的意思。

孟子更是赞美说：该快就快，该慢就慢，该做官就做官，该辞职就辞职，这就是孔子啊。

翻开史册，战国时期的毛遂，三国时的黄忠，还有许多的改革家，这些人无不怀有远大抱负，但更让我们佩服的是他们勇于自荐，他们充分相信自己的能力。由于自荐，他们才没有被埋没。

现在有些人不理解那些勇于自荐、善于表现的人，说那是"出风头"和"目中无人"。其实不然，不管是"日心说"的捍卫者布鲁诺，还是"相对论"的提出者爱因斯坦，他们都时刻表现着自己的才华。他们的"表现"已得到世人的认可。他们一生都在燃烧，将自己的热情全部释放出来，表现自己的亮度。如果你不去点燃，那么你的亮度就会像被缓慢氧化一样，慢慢消失殆尽。

在赛跑的跑道上，第一步的领先很可能意味着最终的胜利，所以，决定你一生中的成败得失的关键，或许就在于你是否敢亮出你自己。

强烈的表现欲是增长自己才干的加速器，一般说来，表现欲旺盛的人参与意识和竞争观念都比较强，他们能以积极的心态对待自己，把当众表现当成快乐和机会，主动地寻找表现的场合，甚至敢与强手公开竞争。所以，他们就比一般人多了参与实践的机会。比如，在会议上发言，表现欲强的人常常主动发言，谈自己的观点。这些观点也许不成熟、不完美，但是他们敢说出来与各种意见相辩论，如此不断实践，他们的口才就会得到锻炼，思想水平会得到长足的提高。

进而言之，表现欲强的人通常都注意塑造自我形象，有较高的追求。他们为了当众塑造良好的形象，必然以此为动力，努力学习，勤奋工作，不断充实自己，使自己获得真才实学。

强烈的表现欲是推销自己的驱动力，一个有才干的人能不能得到重用，很大程度上取决于他能否在适当场合展示自己的才能，并赢得别人的认可。如果你身怀绝技，但深藏不露，他人就无法了解，到头来也只能空怀壮志、怀才不遇了。而有强烈表现欲的人总是不甘寂寞，喜欢在人生舞台上唱主角，寻找机会表现自己，让更多的人认识自己，让伯乐选择自己，使自己的才干得到充分发挥。从一定意义上说，强烈的表现欲是推销自己的前提。

需要指出的是，表现欲有积极与消极之分。两者的界限就在于自我表现的动机和分寸的把握。如果一个人单纯为了显示自己，压倒别人，争个人的风头，甚至玩小动作，贬低别人，突出自己，这种表现欲就失之于狭隘自私，易于使人生厌，使自己成为众矢之的，那就没有什么积极意义可言了。

总之，只要具有积极的心态，并选择与自己性格相一致的表现形式展示自己，参与竞争，就有利于实现自己的人生价值。

只有英勇的行动，才能造就你平凡而伟大的人生。在"该出手时"，你没有缩手，人们就会永远记住你的优秀。《三国演义》中的张飞如此鲁莽，《水浒传》的武松、李逵如此暴躁，我们却一直忘不了他们，原因就是一条——他们能在危难的时刻挺身而出，这是一般人做不到的。

因为，大事勇谋而失败，强如不谋一事无疾而终。敢于表现自己，不要怕冒什么风险，没有冒过险的生命绝不会有精彩的篇章。

第一章 做人低调 做事张扬
——高低相融展示圆通和变通的思想精髓

别将自己的意见强加于人

以外露的形式推销自己，这没有错，但你必须清楚一点：没有人喜欢接受推销，或被人强迫去做一件事，我们都喜欢按照自己的意愿购买东西，按照自己的意思行动，我们喜欢别人征询我们的愿望、需求和意见。因此，外露、推销都没有关系，但一定要用恰当的方式。

一家汽车展示中心的业务经理谢道夫·赛兹发现，公司的业务员办事没有效率，态度散漫，这一点确实有待改正。于是他召开了一次业务会议，鼓励下属说出他们对公司的期望。他把大家的意见写在黑板上，然后说道："我会尽量满足大家的愿望。现在，你们知道我对大家的期望是什么吗？"紧接着他提出了自己的要求：忠诚、进取、乐观、团队精神、每天8小时认真地工作等。会议结束的时候，大家都觉得精神焕发，干劲十足，有个业务员甚至自愿每天工作14小时……赛兹报告说，以后公司的业务果然日新月异。

"这些人跟我做了一次道德交易，"赛兹先生说，"只要承担自己的诺言，他们自会兑现他们的诺言。我询问他们的愿望和期待，这一做法正好满足了他们的需求。"

韦森先生专门从事将新的服装设计草图卖给服装设计师和生产商的业务。三年来，他每星期，或每隔一星期，都前去拜访纽约最著名的一位服装设计师。"他从没有拒绝见我，但也从没有买过我所设计的东西。"韦森说道："他每次都仔细地看过我带去的草图，然后说'对不起，韦森先生，我们今天又做不成生意啦！'"

经过 150 次的失败，韦森体会到一定是自己过于墨守成规，容易让人产生被强迫的感觉，所以他决心研究一下人际关系的有关法则，以帮助自己获得一些新的观念，找到新的让人更容易接受的方法。

后来，他采用了一种新的处理方式。他把几张没有完成的草图挟在腋下，然后跑去见设计师。"我想请您帮点小忙，"韦森说："这里有几张尚未完成的草图，可否请您帮忙提出意见，以便使其更加符合你们的需要？"

设计师一言不发地看了一下草图，然后说："把这些草图留在这里，过几天再来找我。"

三天之后，韦森又去找设计师，听了他的意见，然后把草图带回工作室，按照设计师的意见认真完成。结果呢？韦森说道："我一直希望他买我提供的东西，这是不对的。后来我要他提出意见，他就成了设计人。我并没有把东西推销给他，是他自己买了。"

发生在 W 医师身上的一个例子恰恰也说明了这一点。

W 医师在纽约布鲁克林区的一家大医院工作，医院需要增添一套 X 光设备，许多厂商听到这一消息，纷纷前来介绍自己的产品，负责 X 光部门的 W 医师因而不胜其扰。

但是，有一家制造厂商则采用了一种很高超的技巧。他们写来一封信，内容如下：

我们工厂最近完成一套 X 光设备，前不久才运到公司来。由于这套设备并不十分完善，为了能进一步改进，我们非常真诚地请您前来拨冗指教。为了不耽误您宝贵的时间，请您随时与我们联系，我们会马上开车去接您。

"接到信真使我感到惊讶,"W 医师说道,"以前从没有厂商询问过我们的意见,所以这封信让我感到了自己的重要性。那一星期,我每晚都忙得很,但还是取消了一个约会,抽出时间去看了看那套设备,最后我发现,我越研究就越喜欢那套机器了。"

"没有人向我兜售,而是我自己向医院建议买下那整套设备的。"

有个加拿大人也运用这种方法影响了露丝。那时她正准备前往加拿大的新布朗斯威克省去钓鱼划船,便写信给旅游局索取资料,之后许多营地和向导都给她寄来了大量的信件和印刷品,使她眼花缭乱,不知该如何选择。后来,有个聪明的营地主人寄来一封信,内附许多姓名和电话号码,都是曾经去过他们营地的纽约人。他要她打电话询问这些人,便可详细了解他们营地所提供的服务。

很惊讶的,她在名单上发现了一个朋友的名字,便打电话给他,请教他的种种经验。最后,又打了个电话通知营地她到达的日期。

迫切地想让人了解自己、记住自己,这需要宣传、需要表现。但是一定要照顾到他人的感受,否则就成了自唱自听,不会引起任何共鸣。

弓越弯才能射得越远

也许在很多人看来,低调意味着一种安于平淡,没有什么追求的生活态度。这样的生活态度是绝对不会取得成功的。其实,低调绝对不是意味着让人没有理想，没有追求。事实上，低调处世的人往往才最明白自己要的是什么。他们对自己的目标已经深思熟虑，要用最快捷的手段达到这一目的。低调处世，无疑会使他们在走向自己目标的路上减去很多不必要的麻烦。弓越弯射得越远。真正成功的人，当他保持低调的平淡时，也肯定不同于一般庸碌之人的平庸，而是由此到达那些高调张扬的人所不能达到的巅峰位置。

　　谢安是晋朝人，出身名门望族，他的祖父谢衡以儒学而名满天下，官至国子祭酒。父亲谢裒，官至太常卿。谢安少年时就很有名气，东晋初年的不少名士如王导、桓彝等人都很器重他。谢安思想敏锐深刻，风度优雅，举止沉着镇定，而且能写一手漂亮的行书。谢安从不想凭借出身和名望获得高官厚禄。朝廷先征召他入司徒府，接着又任命他为佐著作郎，都被他以身体上有疾病给推辞掉了。后来，谢安干脆隐居到了会稽的东山，与王羲之、支道林、许询等人游玩于山水之间，不愿当官。当时的扬州刺史庾冰仰慕谢安，好几次命郡县官吏催逼，谢安不得已勉强应召。只过了一个多月，他又辞职回到了会稽；后来，朝廷又曾多次征召，他仍一一回绝。这引起了很多大臣的不满，纷纷上书要求永远不让谢安做官，朝廷考虑了各方面的利害关系后，没有答应。

　　谢万是谢安的弟弟，也很有才气，仕途通达，颇有名气，只是气度不如谢安，经常自我炫耀。公元358年，谢安的哥哥谢奕去世，谢万被任命为西中郎将，监司、豫、冀、并四州诸军事，兼任豫州刺史。然而谢万却不善统兵作战，受命北征时仍然只知自命清高，不知抚慰部将。谢安对弟弟的做法很是忧虑，对他说："你身为元帅，应该经常和各个将领交交心，来获得他们的拥护。像你这样傲慢，怎么能够做大事呢？"

第一章　做人低调　做事张扬
——高低相融展示圆通和变通的思想精髓

谢万听了哥哥的话，召集了诸将，可是平时滔滔不绝的谢万竟连一句话都讲不出，最后干脆用手中的铁如意指着在座的将领说："诸将都是厉害的兵。"这样傲慢的话不仅没有起到抚慰将领的作用，反而使他们更加怨恨。谢安没有办法，只好代替谢万，亲自一个个拜访诸位将领，加以抚慰，请他们尽力协助谢万，但这并未能挽救谢万失败的命运，损兵折将的谢万不久就被贬为庶人。

谢奕病死，谢万被废，使谢氏家族的权势受到了很大威胁，终于迫使谢安进入仕途。公元360年，征西大将军桓温邀请谢安担任自己帐下的司马，他接受了。这件事引起了朝野轰动，还有人嘲讽他此前不愿做官的意愿，而谢安毫不介意。桓温却十分兴奋，一次谢安去他家做客，告辞后，桓温竟然自豪地对手下人说："你们以前见过我有这样的客人吗？"

咸安二年（公元372年），简文帝即位不到一年就死去，太子司马曜即位，是为孝武帝。桓温原以为简文帝会把皇位传给自己，大失所望，便以进京祭奠简文帝为由，率军来到建康城外，准备杀大臣以立威。他在新亭预先埋伏了兵士，下令召见谢安和王坦之。王坦之非常害怕，问谢安怎么办，谢安却神情坦然地说："晋的存亡，就在此一行了。"王坦之只好硬着头皮与谢安一起去。他们出城来到桓温营帐，王坦之十分紧张，汗流浃背，把衣衫都沾湿了，手中的笏板也拿倒了。谢安却从容不迫，就座后神色自若地对桓温说："我听说有道的诸侯只是设守卫在四方，您又何必在幕后埋伏士兵呢？"桓温听后很尴尬，只好下令撤除了埋伏。由于谢安的机智和镇定，桓温始终没敢对二人下手，不久就退回了姑苏，这场迫在眉睫的危机被谢安从容化解了。

公元383年，前秦苻坚率军南下，想要吞灭东晋，一统天下。建康城里一片恐慌，谢安还是那样镇定自若，以征讨大都督的身份负责军事。桓冲担心建康的安危，派三千精锐兵马前来协助保卫京师，被谢安拒绝了。谢玄也心中忐忑，临行前向谢安询问对策，谢安只答了一句："我已经安排好了。"便绝口不谈军事。

淝水之战后，当晋军大败前秦的捷报送到谢安手中时，他正与客人下棋。他看完捷报，随手放在座位旁，不动声色地继续下棋。客人忍不住问他，他只是淡淡地说："没什么，已经打败敌人了。"直到下完了棋，客人告辞后，谢安才抑不住心中的喜悦，进入内室，手舞足蹈起来，把木屐底的屐齿都弄断了。

谢安低调，并不是说没有自己的追求，而是一种为了达到长远目标的有效手段。这种低调的态度为他赢得了很多人的尊敬和拥护，对于他能登上高位很有帮助。其实，在我们的生活中也是这样，采取高调张扬的态度，只能得到一些眼前的好处，而低调地长远经营，才能达到一个重大的目标。

想办法让自己的长处发挥作用

所谓发挥自己的优势，就是要抓住机遇表现自己，当然是把你最好的方面展现给大家看。正如感性是漂亮的外衣，理性是柔和的内衣一样。两者配合在一起，才能成为一个有持久魅力的人。

第一章　做人低调　做事张扬
——高低相融展示圆通和变通的思想精髓

理性是增加做人德性的重要因素，相比感性来说，理性的强弱不容易察觉，因而更内在，一般来说，对于中年人来说，理性容易坚持，感性不易培养，而充满理性的人则令人生畏，这种令人敬畏的气质是我们达成完美人生不可或缺的。所以，如何发挥自己的优势以在感性与理性的水火中挣扎着走出一条自己的路子来，是每个人都应该认真思考的问题。

人活在世上，都有自己安身立命的本事，有的长于交际，有的长于思考，有的善于猛打猛冲，快速出击，立竿见影，有的善于稳扎稳打，步步为营，一步一个脚印，稳步前进……如何发挥自己的长处，避免自己的短处和不足，是克敌制胜、取得胜利的重要条件。

要想发挥自己的长处，首先需要发现并保持自己的长处。古希腊有一句格言："认识你自己。"虽然每个人都有自己的优势和劣势，有长处有短处，但并不是每个人都对自己的长短优劣有个清楚的认识和了解，生活中我们总能发现舍长就短，终生遗憾的悲剧。而那些自知程度较高、对自身长短利弊了如指掌的人们，往往能够自觉地保住自己的优势，发挥自己的长处，抓住机遇表现自己，取得生活的主动权。

汉武帝有一位贵妃李夫人得了重病，卧床不起，皇帝亲自到她床前探病，李夫人蒙被致歉道："妾久病在床，样子难看，不能见皇上，看我现在的病情，恐怕不久于人世了。我想把我的儿子和兄弟托付给您，请您关照。"皇上说："夫人病重，卧病在床，你的嘱咐我一定照办，请放心吧！但你病到这个程度，还是让我看一看吧！"李夫人说："女人不把容貌化妆好，不能见君主、父亲，妾不敢破这个规矩。"皇上说："夫人只要见我一面，我会赐给你千金，而且封你的兄弟做大官。"李夫人说："封不封官，那是皇帝您的事，不在于见不见我一面。"皇上又请求李夫人让他见一面，李夫人索性转向内侧，不再说话。没有办法，皇上不高兴地站起身离开了。皇上走后，李夫人的姐妹们都责备李夫人，她们说："既然你托付兄弟给皇上，为什么不见皇上一面呢？难道你埋怨皇上吗？"李夫人说："我们是用容貌去侍奉人的，我们的长处是长得好看，一旦容颜衰老，就不招人喜欢了，皇上不喜欢你，自然无情无义。皇上之所以还依恋着我，是因为我过去容貌美丽，如今，我久病貌衰，一旦被皇上看见，必然会遭到皇上的厌恶背弃，他怎么还能因想念我而厚待我的兄弟呢？考虑到这些，我以为还是不见皇上的好，并且郑重其事地把兄弟托付给他。"不久，李夫人病故，皇上对她思念不已，因此对李夫人的兄弟也很关照。

李夫人对自己的优势和长处——自己的美貌，认识得特别清楚。尽管久病之后，她的美貌已不存在，但她留给皇上的印象却还是没变，为保住这一优势，她便采取了蒙被子说话、不让皇上看见脸的方式，最终达到了预期的目的。

战国时期，有一位齐国人对此阐发过深刻见解。

齐国宰相田婴，想在自己的封地薛地筑城，发展私人势力，以备不测。人们纷纷劝阻，田婴下令任何人都不得进言。这时，有一个人请求只说三个字，多一个字，宁肯杀头。田婴觉得很有意思，请他进来。这个人快步向前施礼说："海大鱼。"然后，回头就跑。田婴说："你这话里有话。"那人说："我不敢以死为儿戏，不敢再说话了。"田婴说："没关系，说吧。"那人说："您不知道海里的大鱼吗？渔网拦不住它，鱼钩也钩不住它，可一旦被冲荡出水面，则成了蚂蚁的口中之食。齐国对于您来说，就像水对于鱼一样，您在齐国，如同鱼在水中，有整个齐国庇护着您，为什么还要到薛地去筑城呢？如果失去了齐国，就是把薛城筑到天上去，也没有用。"田婴听罢，深以为是，说："说得太好了。"

于是，停止了在薛地筑城的做法。

田婴本来是齐威王的宰相，宣王继位后，不太喜欢田婴。田婴筑薛城，是想建设一个退身之地。表面上看，这也不失为一个较好的计谋，但是，齐国谋士认为，田婴此行的最大弊病，是丢了自己的优势。田婴的长处是经营整个齐国，将齐国掌握在自己手中，以齐国为依托，就像渔网鱼钩都无能为力的海中大鱼一样，可以自由自在，就是齐宣王也不能将他怎么样。反之，到了薛地，地小人少，无法展开手脚，便会处于任人宰割的境地，不但不能保卫自己，反而适得其反。俗语云："龙搁浅滩遭虾戏，虎落平川被犬欺。"就是这个道理。

我们能从这两则历史故事中获得什么启示呢？那就是：感性地问问自己：长处何在？理性地问自己：如何发挥优势？

太惹人注意也会有代价

渴望受人关注也许是人的本能。刚生下来的婴儿，就会用哭闹来吸引父母的注意。随着渐渐长大，渴望受人关注的地方也越来越多。而且，自己的优势受到关注，也会使自己在竞争中处于有利地位。然而，万众瞩目也不一定都是好事，有时候，别人的注意往往会带来不必要的困扰。

做人圆通　做事变通

为了引人注目而采取的高调行为，反而会给自己的工作生活带来不利影响。所以，保持低调也是必要的，不要把所有的眼光都吸引到自己的身上，也是一种聪明的做法。

据说魏晋时期的美男子卫玠因为相貌过于俊美，所以每当他一出门，很多慕名而来的女子都围着他看，人山人海，盛况空前，最后竟把这个身体羸弱的帅哥给"看杀"了。当然，这或许是一个极端的例子，但是，受到过分的关注绝对不是一件好事，一个人本来拥有的优势，也可能在这种高调的重视下不断消失，吸引眼球的结果是得到一时的荣耀，却往往要付出一生的代价。不过，很多人也许看不到这种荣耀背后潜藏的危险，还是沉迷于一时高调所带来的成就上。

神童方仲永的故事可以说是家喻户晓，这个五岁的孩子十分聪明，尽管没有上过一天学，甚至从来都没有见过文具，但却能写出一首很不错的诗来。引来了人家的关注，也给他的父亲带来了不少好处，天天带着他到各处"展示"。结果，这种高调的炫耀使一个神童最终变成了庸才。所以，不要总是吸引别人的注意，保持低调，才是一种富有智慧的做法。

汉代淮南王刘安和河间献王刘德的例子也能说明这一点。淮南王刘安博学多才，不像一般的皇室子弟那样沉迷于酒色，只会斗鸡走狗。他喜欢读书治学，学艺弹琴，又喜欢交游宾客。他曾经招募宾客、术士达数千人。刘安让他们在淮南王府从事讲学、炼丹之事，又把自己和学者们的讨论汇编成书，这就是《淮南子》。后来刘安把此书献给汉武帝，很受武帝的欣赏，曾召他到长安，要他写《离骚传》。刘安才思敏捷，据说武帝清晨下令，他在吃早饭时就把《离骚传》写好了，武帝看后，称赏不已。

第一章 做人低调 做事张扬
——高低相融展示圆通和变通的思想精髓

但是，这种名声并没有给刘安带来好处。正是这种成就和周围宾客、大臣们对他的赞扬，使他的权欲和野心膨胀起来。汉武帝因为他名声很大，一直对他颇为"关注"，后来有人向汉武帝报告淮南王谋反，汉武帝就派兵去讨伐，刘安得知这个消息后自杀身亡。他死后，淮南国也被汉武帝废除。

河间献王刘德也十分好学。不过和刘安不同，他更喜欢的是儒家学说。他召集了许多儒生到王府，共同讨论经典，还订正了很多经书，因此名声很大。后来，汉武帝召见他，问他不少关于经典和治国的问题，他都对答如流。汉武帝对他有些不放心，对他说："当年商汤凭借着七十里的封地，周文王凭着一百里的封地，都取得了天下。现在，你也可以努力一下了。"

刘德一听，知道汉武帝对自己十分猜忌。于是，他回去以后，表面上就不再那么刻苦好学，开始韬光养晦，避免了汉武帝的注意，最后得以善终，他的国家也能继续传下去。

由此看来，受到过分的关注并不是一件好事。采取低调态度，避免让自己受到万人瞩目，也许反而是一种更加有策略的生存方式。这么做并不是甘于平庸，而是避免不必要的麻烦。因为在众人关注的目光中，不但有赞赏，也可能会有嫉妒和仇恨。把自己置身于这样的焦点之下，就要花费不少精力来应付，没有时间来做真正要做的事情了。而且在低调的情况下，还能把周围的形势分析得更加清楚，而不致被万人瞩目的光华迷惑了双眼，使自己头脑不清，作出错误的判断。这不但是在危急的情况下保存自己的手段，也是在职场中必须掌握的人与人相处的艺术。

低调做人，不要过度引人注意，还可以避免把自己的心理能量浪费在无谓的人际斗争中。即使你认为自己满腹才华，即使你认为自己的能力比别人要强，也要学会藏拙，这是一种能量的内敛，也是保护自己的有效手段。不卷进是非、不招人嫌、不招人嫉、不动声色地把自己要做的事情做好，这才是最最重要的事情。所以，当你的成果一时不被关注，也不要抱怨自己怀才不遇，不要抱怨自己的功劳成了别人的功绩，不要招摇过市，那种高调只是肤浅的行为。每一分努力都不会白费，唯有脚踏实地工作才是牢靠的。以自己的修养与才识把事情做得充实有致而又声色不露，沉着而没有张扬之气。这样的低调做人，一定会带来更大的成功。

适当时候保持沉默

滔滔雄辩是智慧，无言沉默也是智慧，甚至是更大的智慧。在商业或私人交际中，无言也许是最好的选择之一。

一个印刷业老板得知另一家单位打算购买他的一台旧印刷机，他感到非常高兴。经过仔细思考，他决定以250万美元的价格出售，并想好了理由。

当他坐下来谈判时，内心深处似有个声音在说："沉住气"。终于，买主按捺不住内心的激动开始滔滔不绝地对机器进行评价。

卖主依然沉默。这时买主说："我们可以付给您350万美元，但一个子也不能多给了。"不到一个小时，买卖成交了。

第一章 做人低调 做事张扬
——高低相融展示圆通和变通的思想精髓

在日常交往中,沉默往往会给你带来好处,在某些场合,沉默不语可以避免失言。我们许多人在缺乏自信或极力表现时,可能会不知不觉地说出不恰当的话,从而给自己带来困扰。

彼得到新婚的弟弟家去吃晚饭,新娘给他做了西红柿果冻。彼得不喜欢这道甜菜,但为表示对她的感谢,他夸张地说:"这果冻真是太棒了!"新娘记住了他的话,以后的15年里,每当他到她家做客,西红柿果冻就成了不可或缺的菜肴!

适时地保持沉默不仅是一种智慧,而且也有实在的好处。常言道:"沉默不会使人后悔。"一位女士的经验验证了这一点,她说:当我们第一个孩子出世时,我丈夫由于工作太忙,对我和孩子疏忽了,这样几周以后,我感到筋疲力尽,并想大发雷霆。一天,我给他写了封充满怨气的信,然而不知为什么我没把信给他。第二天,丈夫提出要给婴儿换尿布,并且说:"我想我现在应该学会做这些事了。"

我们往往不善于等待,而等待往往是适用于各种情况的一种策略。有时片刻的沉默会产生奇特的效果。当然有时候开口说话也非常重要。例如打抱不平、安慰朋友、消除误会。在这种时候,我们必须开口,但需要注意的是要找到恰当的话。这时,片刻的沉思使你说出的话更准确、更有效。

研究谈话节奏的学者们认为,有张有弛地谈话在人际交往中尤为重要。心理学教授格瑞德·古德曼解释说:"沉默可以调节说话和听讲的节奏,沉默在谈话中的作用就相当于零在数学中的作用。尽管是'零',却很关键。没有沉默,一切交流都无法进行。"

正确的交流由两个方面组成:既被人关注,又关注别人。安静、专心地聆听会产生强大的魔力,使谈话者更加心平气和、节奏舒畅,连面部和肩部都放松下来。反过来，谈话者也会对聆听者表现得更加亲切。

当你发怒、忧虑，自己想大发雷霆时，请你喝上一杯水或是握着自己的双手，然后露出你的微笑。这种简单的做法或许可以帮助你控制情绪。

过去，心理学家常常认为我们应该把事情讲出来，告诉别人，但人们逐渐发现在与别人的交往中有时更需要忍耐和沉默，我们必须认识到沉默与精心缔造的词句有同样的表现力，就好像音乐中的休止符与音符一样重要。沉默会产生更贴切的和谐、更强烈的效果。

小刘有一次去长城，遇到一个独腿的年轻人，依靠一根拐杖吃力地往上爬。小刘好心想扶他一把，却遇到了冷冰冰的目光："你以为我爬不上去？"他觉得好尴尬。但因为陌生，这种尴尬很快随着人群消散了。当他登上南坡最高的城楼时，他看见那个年轻人也上来了，还灿烂地向他微笑着。他一下子理解了那位青年人刚才对他的冷淡，只是因为他们陌生，互相少了一份了解。

下坡时，他们很自然地走到一起，不谋而合地谈起了北京、故宫、颐和园、香山的红叶、长城……呵，他们都是第一次到北京，萍水相逢，但谁也没有提及刚才的那一刻。那一天真是晴空万里。

分别时，年轻人说："你怎么没像别人那样问我是怎么残疾的？"这是一个嘴边上的话题，一定有人在小刘之前问过很多遍，他能想象在那个年轻人的背后一定有一段感人肺腑的往事，他能理解却不需要了解。那个年轻人又说："因为陌生。"他沉默了一会儿点点头："对，因为陌生，没有必要做对等的了解，萍水相逢，能使我们欢喜就知足了。"

也许真是这样的。在这个世界上，我们应时时提醒自己：少关心一点儿别人的隐私，寻求一份安宁，就会增加一份魅力，多获得一些机遇。

第二章

做人宽容　做事严谨
——宽严之间体现圆通和变通的最高境界

宽容做人，至少你不会在乌云密布、看不见阳光的日子生活，相反，你会发觉春光明媚，世界无限大，无限美好。严谨做事，至少你不会等到冰霜融化时，才想起水的可贵，相反，你会发觉下雨天其实真的很美，一切植物在雨水的灌溉后，都变得更加鲜艳丰满。做人做事于宽严之间才能体现圆通和变通的最高境界。

千万别乱开玩笑

在生活中，相互之间开开玩笑，做个滑稽动作，逗人一笑，可以给生活增添开心的笑声和情趣。这种玩笑是生活的浪花，深受人们的欢迎。

但是，也有些玩笑却是不当的。那就是有的人喜欢乱开玩笑，当众揭丑换取笑声、寻开心。如此拿人取乐开玩笑，实属下乘之作。它虽然也能引出笑声，但同时也给人带来苦恼和怨恨，严重影响人际关系和交往。比如，一伙青年男女在一起侃大山，有位青年心血来潮要制造一个笑话，逗大家乐一乐。他指着一个胖姑娘说："你怎么越长越'苗条'了，可惜中国没有相扑运动，不然，你准是一号种子选手！"他的话逗得大家哈哈大笑。可是这位姑娘正为自己不断发胖而苦恼，当众挠她的"秃"，怎么能忍受？她翻脸道："我胖怎么了，没吃你没喝你，你操哪门心！你也不照照镜子瞧瞧自己，瘦得像根火柴棒！"这时，笑声没有了，寻开心者引火烧身，自食其果。

可见，乱开玩笑是很不明智的，容易使人反感、产生矛盾，这种由别人的痛苦带来的笑声是没有人能忍受的。

又比如，有一位男士在女士面前说些不雅的笑话，有位女士就警告他："在淑女面前，不应该说这些东西。""啊！你自以为你是淑女呀！"

第二章　做人宽容　做事严谨
——宽严之间体现圆通和变通的最高境界

他这样回应。大家听了都哈哈大笑，但是这种笑话会留下不愉快的阴影。有的人常常开头就说："在这样经济不景气的时候，竟然还有这么多人来捧场，看来这个社会上悠闲的人还不少呢！"像这样刺激人的话应该尽量避免。

有一次，某公司经理在对新进人员的演讲中，说了上述的例子。后来有一位年轻人跑来对经理说："如果早一点听到你的这些话，严谨一点，也不会出现那种事情。"原来这个人前一天晚上在酒楼被前辈教训了一番，事情的经过是这样的——这位年轻人喜好捉弄和挖苦别人，前一天中午在公司休息聊天时，他对一位比较接近的前辈开玩笑说："陈先生，你为什么要娶一个缺了牙齿的女人做太太呢？"这位男士的太太，大家都知道她的前牙缺了数颗，看起来像老太婆一样，因此在场的人都笑了起来，当事者也只好苦笑着，但是他的自尊心却被严重地伤害了，于是当天晚上的酒宴结束以后，这位前辈当着大家的面说："这个家伙刚进公司就这么不知好歹。"之后，就对这位年轻人爱搭不理了。可见人们对于刺伤自尊心的言语会耿耿于怀的。

"女孩子皮肤的最佳状态，是在18到20岁。在座的各位女性都已超过这个年龄了，不久就会满脸皱纹，即使你抹上了厚厚的粉，又涂上了蓝绿色的眼影，但是看起来就像粉刷墙壁一样，又像被揍了一般，这样有哪一点好看？"

听到这种话的女性，心里肯定是难受的。这样，你在人心目中的印象很差，严重影响了你以后的交际，而且也给别人留下不愉快，甚至给别人带来严重的伤害。所以，理智的人是从来不会乱开玩笑的，并且给人很严谨的感觉。

做人圆通　做事变通

大事小事都要严谨

老话说得好:"害人之心不可有,防人之心不可无。"对坏人坏事,必须提高警惕,险恶之徒,嫉贤妒能,最喜欢抓住你的把柄害你于阴暗之中,故对此我们必须提高警惕,严谨办事,防患于未然。

历史上有这样一个故事,宋太宗赵匡义病重时,立第三子赵恒为皇太子。当时,吕端继吕蒙正为宰相,他为人顾全大局,很有办事能力,深得太宗赏识。太宗说他"小事糊涂,大事不糊涂"。

公元997年,太宗驾崩。围绕谁来继位的问题,宫内多有争执。皇太子赵恒年已29岁,聪明能干,足智多谋,但他是太宗的第三子,没有继位资格,这就引起其他皇子与大臣的忌妒和憎恨。但吕端却是站在赵恒一边的。他决心遵照先帝遗旨,拥立赵恒继位,当然,他也对宫中的一些情况细心观察。

正当太宗驾崩举国祭丧之时,太监王继思、参知政事李昌龄、殿前都指挥使李继、知制诰胡旦等人,暗地里密谋,准备阻止赵恒继位,而立楚王元佐。吕端心中有所警惕,但具体情况却并不清楚。李皇后本来也不同意赵恒继位,所以,李皇后命王继思传话召见吕端时,吕端心头一怔,便知大事有变,可能发生不测。一想到这里,吕端便决定抢先动手,争取先机。他一面答应去见皇后,一面将王继思锁在内阁,不让他出来与其他人串通,并派人看守门口,防止有人劫持逃走。之后,吕端才毕恭毕敬地去见皇后。李皇后对吕端说:"太宗已晏驾,按理应立长子为继承人,这样才是顺应天意,你看如何?"吕端却说:"先帝立赵恒

第二章 做人宽容 做事严谨
——宽严之间体现圆通和变通的最高境界

为皇太子,正是为了今天,如今,太宗刚刚晏驾,将江山留给我们,他的尸骨未寒,我们哪能违背先帝遗诏而另有所立?请皇后三思。"李皇后思虑再三,觉得吕端讲得有道理,况且,众大臣都竭力拥立皇太子赵恒,李皇后也不得违拗,便同意了吕端的意见,决定由皇太子赵恒继承皇位,统领大宋江山。众大臣连连称是,叩首而去。

吕端至此还不放心,怕届时会被偷梁换柱。赵恒于公元998年即位,垂帘接见群臣,群臣跪拜堂前,齐呼万岁,唯独吕端直立于殿下不拜,众人忙问其故。吕端说:"皇太子即位,理当光明正大,为何垂帘侧坐,遮遮掩掩?"要求卷起帘帷,走上大殿,正面仔细观望,知是太子赵恒,然后走下台阶,率群臣拜呼万岁。至此,吕端才真正放了心。赵恒从此开始执政25年。

如今我们的时代不同了,竞争日益激烈,正是在这种环境下,我们更需要事事严谨的态度,倘若我们不严谨,那么我们就办不成大事。

以退为进

留一步,减三分,是一种谨慎的处世方法,适当的宽容不仅不会招致危险,反而是寻求安宁的有效方式。在个人交往中,除了原则问题必须坚持,对于小事,对于个人利益,宽容一下会带来身心的愉快以及和谐的人际关系。有时,这种"退"即是"进","舍"就是"得"。

做人圆通　做事变通

为人处世，遇事要有退让一步的态度才算高明，让一步就等于为日后的进一步打下基础。给朋友方便，实际上是给自己日后留下方便。宽容是美好心性的代表，也是最需要加强的美德之一。乐观、上进、宽容是分不开的。眉间放一字"宽"，不但自己轻松自在，别人也舒服自然。宽容是一种坚强，而不是软弱。宽容要以退为进、积极地防御。宽容所体现出来的退让是有目的有计划的，主动权掌握在自己的手中。

无奈和迫不得已不能算宽容，而把时间放在无理的取闹中更是不值得的。

有这样一个故事：有一户人家非常好客，凡是有朋友来访，主人总是准备好酒好菜，热心地招待客人。直到宾主喝得酩酊大醉才罢休。

一天，一位久未谋面的老友来访，主人喜出望外，热情地烹烧菜肴，这时，主人忽然发现酱油没了，急忙唤小儿去买。

"爸爸，你放心！一切都包在我身上！"小儿子拍拍胸脯走了。主人安心地折回厨房，20分钟过去了，儿子还没有回来，他想，也许是杂货店的老板生意忙不过来，再耐心地等一会就好了。但是一个小时，甚至是两个小时都过去了，儿子还是不见踪影，客人饿得饥肠辘辘，主人也急得如同热锅上的蚂蚁，猜想儿子也许在路上出了意外。

最后，主人终于按捺不住了，夺门而去寻找儿子。他焦急地向街口奔跑而去，找了一遍没有，从另外一条路返回，却忽然发现儿子正站在一座桥的中央，和另外一个孩子青眼对着白眼，彼此对峙着，谁也不让谁，儿子的手中正拎着一瓶乌黑的酱油。主人十分生气，上去对着儿子就是一顿大喊："你还愣在这里干什么呢？知道不知道家里正等着你的酱油下锅啊！？"儿子动也不动，嘴上说着："爸爸，我买好了酱油，正要赶回家，没想到在桥上碰到了这个人，挡住了我的去路。说什么都不让我过桥！"儿子的口气中虽有委屈，但更理直气壮。

主人似乎被激怒了："喂！你这个小孩子，怎么如此不讲理呢？挡住我儿子的路！咱们井水犯不着河水，赶快让开啊！""奇怪了不是？不知道是谁挡住了谁的去路，你走你的阳关道，我过我的独木桥！明明是你儿子挡住了我的路，我碍着你们什么了？"那个孩子也毫不示弱地抢白着。

结果，谁也不肯相让，长时间对峙在那，直到天黑，主人才劝服儿子，退了一步，这才回家去了。

虽然，这种故事不是经常发生，但现实生活中，矛盾无处不在，所以我们在人与人的日常交往中应学会以退为进，学会宽容别人，这样矛盾也不会激化，宽容是一种可取的人生态度。正是这种态度，让我们的世界更加美好，使我们家庭关系和睦，人际和谐，还有益于我们身心的健康。

为人处世不能气量狭小

恐怕谁都会碰到这样的人，小肚鸡肠，一点小事也会记恨半天，为别人的一句无心之言而气上许久。这样气量狭小的人自然不会有什么好人缘，也就不会成就什么大业。

三国时期，东吴有一个叫张昭的权臣，虽然在孙策死时曾委大任于他，但他最终因为自己气量狭小而未能拜相。

有一次孙权大宴群臣，让诸葛恪给大家敬酒。诸葛恪就给大臣们一一敬酒，斟到张昭面前时，张昭已经醉了，就推辞不肯喝。诸葛恪仍劝他再喝一杯，张昭不高兴地说："这哪里是尊敬老人！"孙权故意给诸葛恪出难题，说："看你能不能让张公理屈词穷把酒饮下，不然这杯酒就你喝了。"

于是，诸葛恪对张昭说："过去师尚父90岁，还能披坚执锐，领兵作战，不言自己已老。现在，带兵打仗，请您在后，而喝酒吃饭，请您在前，这怎么能说是不敬老呢？"张昭无话可说，只能把酒喝了下去，但是从此就记恨上了诸葛恪。

有一天，孙权和诸葛恪、张昭等大臣在大殿中议事，忽然一群鸟飞到大殿前，这些鸟的头部是白色的。孙权不知道这是什么鸟，就问诸葛恪："你知道这鸟叫什么名字吗？"诸葛恪不假思索地回答："这种鸟叫白头翁。"在座的诸位大臣中属张昭年纪最大，又是一头白发，他以为诸葛恪是在借机取笑自己，就对孙权说："陛下，诸葛恪在骗人！从来没有听说过叫白头翁的鸟。如果真有白头翁，那是不是应该有白头母呢？"

葛恪立刻反驳道："鹦母这种鸟，大家一定都听说过，如果依老将军的话，那一定还有鹦父了，请问老将军能打到这种鸟吗？"张昭顿时无言以对。

因为气量狭小，张昭很难和别人搞好关系。甘宁自降东吴以后，急于立功，于是请求征黄祖，取刘表，并自请任先锋。孙权觉得可行，准备实施。张昭却不同意，甘宁很不高兴，反唇相讥道："国家以萧何之任付君，君屠守而忧乱，奚以希慕古人乎？"孙权看到这种情形，赶紧劝说道："兴霸，今年兴讨，决意付卿，卿但当勉建方略，令必克祖则卿之功，何嫌张长史之言乎？"孙权虽然为两人解了围，但明显地站到了甘宁一边。

除了直言敢谏外，在其他方面恐怕张昭没什么才能，而且他因为气量小，不能够处理好与同僚的关系，也不能以德服人，所以若是任他为相，东吴上下必会君臣离心，四分五裂，所以他到最后也没能拜相。

像张昭这样的人在现实生活中为数不少，我们不能像他一样气量狭小，若是遇到这种人，也不能和他斗气。应该以柔忍之术处世，巧妙地避免与这样气量狭小的人起冲突，当然，若是他对工作上有了不良的影响，那就用策略来对付。总之，不要因为气量狭小而破坏自己的人际关系，对于那些"说者无心，听者有意"的事，还是尽量减少吧。

大度能容

大度，是一种修养，是一个人文雅人格和健康心理的体现。它来自其理念、理想追求及道德修养。胸襟宽阔，就要见贤思齐，而不能嫉贤妒能。而心胸狭隘，是不够虚心、不能容人、品性不端的表现。要做到大度，不小气，首先要眼界开阔，而不能目光短浅。因为，眼界宽阔的人在看问题方面会比较大气，而没有什么见识的人只能囿于自己的小圈

做人圆通　做事变通

子里面，为了鸡毛蒜皮的事情跟人吵得脸红耳赤。要始终怀着一颗美好的心去观察和认识世界，要用长远的眼光去看问题，只有这样，才能具有宏大而深邃的视野，表现出深刻的感性和理性。胸襟宽阔，就要大度能容，而不能小肚鸡肠。

曾有两兄弟，合伙在深圳开办制衣厂。兄弟俩辛苦经营了10年，眼看这家厂有了起色，财源滚滚而来，然而，弟媳却开始怀疑大伯多占了便宜，兄嫂也开始怀疑小叔子暗中多吞了钱财，不久，两兄弟便闹起了"家窝子"，又是争权，又是争钱。因为两兄弟都把心思用到了闹分家上，再也没人来管理，而市场经济是无情的，所以没过多久，一个好端端的工厂便关门倒闭了。

所谓"家和万事兴"，做到这一点，不仅需要心胸宽广，还要付出你的真诚，那两兄弟若不计较一时的得失，团结相处，恐怕不会导致工厂关闭的结果吧！

有这样一个故事：从前有两个人，一个叫提耆罗，一个叫那赖。这两个人神通广大，本领高超。

一天夜里，提耆罗因长时间诵经感到十分疲倦，先睡了；那赖当时还没有睡，一不小心踩了提耆罗的头，使他疼痛难忍。提耆罗一时心中大怒地说："谁踩了我的头？明天早上太阳升起一竿子高的时候，他的头就会破成七块！"那赖一听，也十分生气地叫道："是我误踩了你，你干什么发那么重的咒？器物放在一起，还有相碰的时候，何况人和人相处，哪能永远没有个闪失呢？你说明天日出时，我的头就要裂成七块，那好，我就偏不让太阳出来，你看着好了！"

由于那赖施了法术，第二天，太阳果然没有升起来。五天过去了，太阳仍没有出现，世界处在一片漆黑中。

可见，宽容是何等的重要，倘若一不谨慎，就会使自己和大家陷入"黑暗之中"，眼前的黑暗、心理的黑暗都使你烦恼。

宽以待人，历来被我国历史上的贤才仁士所推崇。"唯宽可以容人，唯厚可以载物。"有些人却是完全"严以待人，宽以律己"。如果别人稍微做错一丁点事情，就借题发挥，破口大骂，完全不顾他人感受，似乎别人就会一错再错，要把别人的尊严踩在脚下。如果自己做错了事情，则可以把黑的说成白的，或者干脆推卸责任。

这种人惹人恼。相反，有些人宽以待人，严以律己，很招人喜欢。

清代学者张潮有一句话："律己宜带秋风，处事宜带春风。"让我们多一些长远的眼光，少一些狭隘的想法；多一些磅礴大气，少一些小肚鸡肠；多一些理解、宽容，少一些埋怨，这才是现代有为之人所必备的气质和胸怀。

做事不能没有分寸

人生就像酿造美酒，酒有度而人生也有度，有过喝酒经验的人都知道，如果一个人喝酒经历较早，酒量就会很大，那么，相对来讲，他对酒的适应力也会增强。对于人生来说，未来会遇到什么，我们也许不知道，这就要求我们在做事时要把握好度，要有分寸，这样才能如行云流水，游刃有余。

一位担任中学班主任的教师曾经对班上一位一贯调皮的学生感到头痛不已，虽然多次苦口婆心地教育，总是不见效果。此时，恰逢学校承担了天安门广场前检阅方队的排练任务，学校要求选派少数最好的学生参加，而这个学生也十分渴望参加。班主任突然灵机一动，将这个学生列入了排练名单，并找他谈话，告诉他其实他并不合格，但老师认为他有巨大的潜力，如果努力，一定能够出色完成这个任务。这个学生感到了老师对他的信任，立刻表示一定能够承担这一重任。结果在数月的苦练过程中，这个学生表现非常出色，受到了学校的表扬，并从此痛改前非，焕然一新，后来还当上了班长。

由此可见，对一个人来说，做事有分寸真的很重要，这种方式在团队中、企业中显得尤为重要。在一个团队中，如果成员能把握好自己的尺度，各尽所能就会有好的成绩。如果没有把握好分寸，团队内部互相拆台，把责任一股脑儿地推到别人身上，就会降低大家的信心和决心，这样往往把工作搞得没有生气，结果对所有人都不利。

当大家共同面对失败时，最忌讳的是有人说："我当时就觉得这办法不好，你应该负责那，我应负责这。结果弄得今天这个样子，如果照我的话做，绝不会是今天这种局面。"显然这种人是在推卸责任，或只是显示自己的高明，但结果不会很好。这等于是在火堆里浇汽油。

我们古代历史上做事讲究分寸的人还很多，比如：刘邦平定天下后论功行赏，他认为萧何功劳最大，就封萧何为赞侯，食邑八千户。为此，一些大臣提出异议，说："我们披坚执锐出生入死，多的打过一百多仗，少的也打过几十仗，攻打城池，占领地盘，大大小小都立过战功。萧何

第二章　做人宽容　做事严谨
——宽严之间体现圆通和变通的最高境界

从没领过兵打过仗，仅靠舞文弄墨，口发议论，就位居于我们之上，这是为什么？"刘邦听后问："你们这些人懂得打猎吗？"大家说："知道一些。"刘邦又问："知道猎狗吗？"大家回答："知道。"刘邦说："打猎的时候，追杀野兽的是猎狗，而发现野兽指点猎狗追杀野兽的是人。你们这些人只不过是因为能猎取野兽而有功的猎狗。至于萧何，他却是既能发现猎物又能指点猎狗的猎人。再有，你们这些人只是单身一人跟随我，而萧何可是率全家数十人追随我的，你们说他的这些功劳我能忘记吗？"这一番话，说得诸大臣哑口无言。

在刘邦看来，功臣也有三六九等，就像猎人和猎狗一样，虽然都在为获取猎物忙碌个不停，但猎人的作用要大于猎狗，那么，把握好分寸，重用前者是无可非议的。

还有这样一则故事：

汉代时，汉武帝招贤纳才，对许多人才破格使用，这引起了人们的不满。汲黯不服，就对汉武帝讲了这样一段话："陛下任用群臣就像堆放柴草一样，后放的堆在上面。"意思是说资格浅的新人居资格老的旧臣之上。汉武帝时的汲黯，因为好直言，故而不得重用，一直不能晋升，比他官职低的人许多都晋职升迁，并且超过了他。而汉武帝回答说这是因为他用人只讲究才能，而不讲究资历。

正是因为汉武帝善用贤能，而不是埋没人才，才有了当时的繁荣局面。

天下人各有所能，物各有所用，不能以大肚量按能力严格任用就会坏事。做事不能宽严无度、没有分寸，这是谨慎办事、严谨办事的体现，是理性做事的生存手段。

做人圆通　做事变通

在宽严之间找到一个结合点

　　宽严结合在对部下和员工的管理上能够发挥出更大的效力，那么如何结合才能达到最佳效果呢？是严还是宽？是刚还是柔？一个经验是：应该以慈母的手，握着钟馗的剑。也就是说要胸怀宽宏，但处理问题则要严厉、果断，绝不能手软。

　　上司对于下属，应是慈母的手，紧握钟馗的剑，平时关怀备至，犯错误时严加惩罚，恩威并施，宽严相济，这样方可成功进行管理。

　　慈母的手，慈母的心，是每一个管理者都应具备的。对于自己的下属和员工，要维护和关怀。因为，他们是你的同路人，甚至是你的依靠。而且，也只有如此，才能团结他们，共达目标。

　　美国威基麦迪公司老板查里·爱伦当选为1995年美国最佳老板。他是靠什么当选的呢？一是他每年都在美国的加勒比海或夏威夷召开年度销售会议；二是他非常关心员工的生活，能认真听取公司员工诉说自己的困难和苦恼。一旦员工家中有什么事情，他会给其一定的假期，让其处理家事。由于他能与员工同呼吸、共命运，所以深受员工的爱戴。顾客们到他的公司后，看到公司员工一个个心情愉快，对该公司就产生了安全感，所以公司效益一直很好。

　　又如，和田努力创造一个积极、愉快、向上的内部环境，主要采用爱顾客首先要爱员工的方法。20世纪50年代末，他拟贷款为员工盖宿舍楼，银行以员工建房不能创效益为由一口回绝。

　　但是和田夫妇以关爱员工、员工才能努力为八百伴创利的理由说服

第二章　做人宽容　做事严谨
——宽严之间体现圆通和变通的最高境界

银行，终于建起了当时日本第一流的员工宿舍。

那些远离父母过集体生活的单身员工，吃饭爱凑合，和田加津总像慈母一样，每周亲自制定菜谱，为员工做出味美可口的饭菜。

在婚姻上，也像关心自己的孩子一样关心他们，他先后为97名员工作媒，其中有一大半双职工都是八百伴的员工。

5月份第二个周日是"母亲节"，和田加津想：远离父母、生活在员工宿舍的年轻人，夜里一个人钻进被窝时，一定十分怀念、想念父母。于是，他专门为单身员工的父母准备了鸳鸯筷和装筷匣。当员工家长在"母亲节"收到子女们寄来的礼物后，不仅给他们的孩子，也给公司发信感谢。一些员工边哭边说："父母高兴极了！我知道了，孝敬父母，父母高兴，只有让父母高兴，做子女的才最高兴。"

为了加强对员工的教育，除每天班前会之外，每月还定时进行一次实务教育。实务教育中的精神教育包括创业精神、忠孝精神、奉献精神等。和田清楚，孝敬父母是与别人和睦相处、服从上司领导的基础。能孝敬父母的员工，也会尊敬上司。所以她总是教育员工要尊重、关心自己的父母。

对待下属同时还必须严厉，这种严厉基于人类的基本特性而来。被称为经营之神的松下幸之助认为，一部分人不需要别人的监督和批评，就能自觉地做好工作，严守制度，不出差错。但是大多数人都是好逸恶劳，喜欢挑轻松的工作，捡便宜的事情，只有别人在后头常常督促，给他压力，才会谨慎做事。对于这种人，就只能是严加管理，一刻都不放松。

松下幸之助认为，经营者在管理上宽严得体是十分重要的。尤其是在原则和制度面前，更应该分毫不让，严厉无比；对于那些违犯了条规的，就应该举起钟馗剑，狠狠砍下，绝不心软。松下说："上司要建立起威严，才能让部属谨慎做事。当然，平常还应以温和、商讨的方式引导部属自动自发地做事。当部属犯错误的时候，则要立刻给予严厉的纠正，并进一步地积极引导他走向正确的路，绝不可敷衍了事。

所以，一个上司如果对部属纵容过度，工作场所的秩序就无法维持，也培养不出好的人才。换言之，要形成让职工敬畏课长、课长敬畏主任、主任敬畏部长、部长敬畏社会大众的舆论。如此人人严以律己，才能建立完整的工作制度，工作也才能顺利进展。如果太照顾人情世故，反而会造成社会的缺陷。"

当员工的工作表现逐渐恶化之时，敏感的主管必须寻找产生这个现象的原因，如果不是有关工作的因素造成的，那么很可能是员工的私人问题使他在分心。有些主管对这种现象不是采取"这不是我的责任"而忽视它，就是义正词严地警告员工振作起来，否则就卷铺盖走人。

无论如何，如果主管希望员工关爱公司，那么，管理者首先关心员工的问题，包括他的私人问题。因此，上述的处理方式可以说轻而易举，但是无法改善员工的表现。比较合理的方法应该是与员工讨论，设法帮助他面对问题，处理问题，进而改善工作成效。

宽容与严谨是一把双刃剑，兼顾两头，才会发挥出无穷的威力，偏向一方，不用一头，只会威力逐减。而管理者在管理中就需要这把双刃剑，一头体贴着员工，一头牵制着员工。

第三章

做人真实　做事包装
——实虚结合阐释圆通和变通的辩证统一

在大多数人为了生存的需要，努力遮掩自己的时候，"真实"反倒会成为一道亮丽风景。做真实的人可能会吃一时之亏，但终究会成为赢家。但是做人真实并不意味着做什么事情都让自己以"原生态"的面貌出现，该包装自己的时候也要会包装，尽管这是为求做事顺利不得已而为之。只有这样虚实结合，才能阐释圆通和变通的辩证统一。

做人圆通　做事变通

保持本色，不为迎合别人而改变自己

　　老张一心一意想升官发财，可是从青春年少熬到斑斑白发，却还只是个小公务员。他为此极不快乐，每次想起来就掉泪。有一天下班了，他心情不好没有着急回家，想想自己毫无成就的一生，越发伤心，竟然在办公室里号啕大哭起来。

　　这让同样没有下班回家的一位同事小李慌了手脚，小李大学毕业，刚刚调到这里工作，人很热心。他见老张伤心的样子，觉得很奇怪，便问他到底为什么难过。

　　老张说："我怎么不难过？年轻的时候，我的上司爱好文学，我便学着作诗、写文章，想不到刚觉得有点小成绩了，却又换了一位爱好科学的上司。我赶紧又改学数学、研究物理，不料上司嫌我学历太浅，不够老成，还是不重用我。后来换了现在这位上司，我自认文武兼备，人也老成了，谁知上司又喜欢青年才俊，我……我眼看年龄渐高，就要退休了，一事无成，怎么不难过？"

　　可见，没有自我的生活是苦不堪言的，没有自我的人生是索然无味的，丧失自己的理想是悲哀的。要想拥有美好的生活，自己必须自强自立，拥有良好的生存能力。没有生存能力又缺乏自信的人，肯定没有自

第二章　做人真实　做事包装
——实虚结合阐释圆通和变通的辩证统一

我。一个人若失去自我，就没有做人的尊严，就不能获得别人的尊重。

老张的做法不禁让我们想起了一个笑话：一个小贩弄了一大筐新鲜的葡萄在路边叫卖。他喊道："甜葡萄，葡萄不甜不要钱！"可是有一个孕妇刚好要买酸葡萄，结果这个买主就走掉了。小贩一想，忙改口喊道："卖酸葡萄，葡萄不酸不要钱！"可是任凭喊破嗓子，从他身边走过的情侣、学生、老人都不买他的葡萄，还说这人是不是傻啊，酸葡萄卖给谁吃啊！再后来，卖葡萄的就开始喊了："卖葡萄来，不酸不甜的葡萄！"

可见，活着应该是为了充实自己，而不是为了迎合别人的旨意。没有自我的人，总是考虑别人的看法，这是在为别人而活着，所以活得很累。就像上面故事中的老张，为了自己能够仕途平坦，不得不去迎合自己的领导，可是这恰恰使他失去了自己最宝贵的东西——真我本色。而在他不断地根据不同领导的口味调整自己做人与做事"策略"的时候，时间飞快地流逝，同时他也真正失去了"升官发财"的机会，落得一事无成。

有一个人带了一些鸡蛋上市场贩卖，他在一张纸上写着：新鲜鸡蛋在此销售。

有一个人过来对他说："老兄，何必加'新鲜'两个字，难道你的鸡蛋不新鲜吗？"他想一想有道理，就把"新鲜"两个字涂掉了。

不久又有人对他说："为什么要加'在此'呢？你不在这里卖，还会去哪里卖？"他也觉得有道理，于是又把"在此"涂掉了。

一会儿，一个老太太过来对他说："'销售'两个字是多余的，不是卖蛋难道会是白送的吗？"他又把"销售"涂掉了。

这时来了一人，对他说："你真是多此一举，大家一看就知道是鸡蛋，何必写上'鸡蛋'两个字呢?"

结果,他把所有的字都涂掉了。

你不必去考虑那个卖蛋人写的字是否合理,但你要记住,任何时候做任何事情,都先要清楚地知道自己在做什么,他人的意见只可成为参考,不能一味地为了迎合别人改变自己的观点。

最简单的才是最真实的

简单是什么?简单是把复杂化为单纯,把多样化为单一,把重负化为轻松,不为自己没有的东西悲伤,要为自己拥有的东西喜悦,简单是感性的一种享受,是快乐的境界。

孔子原来想做大官,周游列国满世界跑,没有做成,只好铩羽而归,在家乡当了个教书匠。没想到一做就其乐无穷,他终于明白:

一是做小比做大更大。

二是该做什么就做什么,不要强迫自己。

孔子把自己的这两条智慧传给了弟子们,弟子们全都受用无穷,每个人都快乐得不得了,一下子使儒家名声大振。

孔子最看重的大弟子颜回就是一个真实的人,他住的、吃的都很简单。孔子赞美颜回的简单生活,他对弟子说:简单就是美,简单就是快乐。简单的生活节约资源与时间,从而使人有更多精力去侍奉心灵,活

第三章 做人真实 做事包装
——实虚结合阐释圆通和变通的辩证统一

得明白一些，快乐一些。

孔子、颜回这样的人是把简单当做享受，把简单的感性美灌注于理性的享受中。他们没有多少钱，也没什么所谓的身份地位，但他们快快乐乐，比有钱有势的人快乐。

《三国演义》中刘备被蔡瑁追杀，幸亏马跃过檀溪躲过一劫，在路上，他看见一个牧童倒骑牛儿悠然而过，手中拿了一支竹笛信口而吹，显然玩得正高兴。刘皇叔见此不由一声感叹："吾不如也！"

刘皇叔的快乐程度当然比不上牧童，因为他太奔波太操心。刘备在没当皇叔前是个卖草鞋的小伙，那时他的快乐与这个牧童原本一样。后来因为立下了雄心壮志，结果就弄得今生与快乐无缘。

我们并不是说人不要有雄心壮志，而是说这不应该让人不快乐。如果让人不快乐，这是什么雄心壮志呢？不如不要。

真正的雄心壮志是找到真实的自我，让自己真正地快乐起来。

颜回做人不失本色，所以他居陋巷有滋有味，比住高楼大厦还过得好。这其中有个技术性的窍门，那就是"生活简单是享受"。有的人往往累死累活，就在于他们把原本简单的生活搞复杂了。

从前有个人向他的师父诉苦："哎呀，我好苦，我好累。"

师父问他："你为什么会这样？"

他说："我吃饭都累。吃少了怕饿，吃多了怕不消化。吃肉怕胖，吃菜怕瘦，不吃又不行。"

师父笑了："我明白了。你就饿自己一天试试看。"

"行吗？"

"试试看吧。"

于是这人饿了自己一天，饿坏了，第二天开饭大吃一顿，好美味呀，拍着肚子来见师父："师父啊，我明白了。"

"你明白什么了？"

"吃饭就吃饭，原本很简单。"

"哈哈，你明白了。"

今天的现代人似乎也到了不会吃饭、不敢吃饭的地步了，想必也到该饿一下的地步了。

人活得越简单越好，这样才会见本心，才不会失去生存的基本技能。这样的人不用去征服别人，全世界本来就是他的。

所以人活得越简单越好，简单到能把复杂的心情化为单纯，把多样化为单一，把重负化为轻松，不因没有的东西而悲伤，而为拥有的东西喜悦，这才是感性之中的理性之举。

展示自己最好的一面——学会微笑

我们提倡理性做事，就需学会用微笑来包装自己，因为大量事实证明，微笑可以解决问题，微笑是办事的开心锁。

用你的微笑去欢迎每一个人，那么你就会成为最受欢迎的人。

微笑也是一种感性的美，它无处可买，无处可求，不能借，不能送，因为在你把它给予别人之前，它是对谁都无用的东西。但它却创造了许

第二章 做人真实 做事包装
——实虚结合阐释圆通和变通的辩证统一

多奇迹。它丰富了那些接受它的人，而又不使给予的人变得贫瘠。它产生于一刹那间，却给人留下永久的记忆。

它创造了千万家庭的快乐，建立了人与人之间的好感，它是疲倦者的温床，失望者的信心，悲哀者的阳光。所以，假如你想让自己受到别人的欢迎，请给人以真心的微笑。

有人做了一个有趣的实验，以证明微笑的魅力。

他给两个人分别戴上一模一样的面具，上面没有任何表情，然后，他问观众最喜欢哪一个人，答案几乎一样：一个也不喜欢，因为那两个面具都没有表情，他们无从选择。

然后，他要求两个模特儿把面具拿开，现在舞台上有两个不同的个性，两张不同的脸，他要其中一个人把手放在胸前，愁眉不展并且一句话也不说，另一个人则面带微笑。

他再问每一位观众："现在，你们对哪一个人最有兴趣？"

答案也是一样：他们选择了那个面带微笑的人。

富兰克林·贝特格是全美国最著名的保险推销员之一。他说他在许多年前就发现了面带微笑的人永远受欢迎。所以，他在进入别人的屋子之前，总是停留片刻，想想需要他高兴的事情，于是，他脸上便展现出开朗的、由衷而热情的微笑，当微笑即将从脸上消失的刹那间，他推门进去。

富兰克林·贝特格深知：他推销保险的成功同自己面带微笑有很大的关系。

当我们面带微笑去办事后，回头再看看效果，想必你自己也会大吃一惊。

043

微笑永远不会使人失望，它只会使人们欢迎面带微笑的人。

有这样一个例子，纽约证券股票公司市场的成功人士威廉·史坦哈，年轻的时候是个讨人嫌的家伙，他脸上没有微笑，不受人们的欢迎。

后来他自己决定，必须改变自己的态度，让自己的脸上绽放开朗的、快乐的笑容。于是，在第二天早上梳头时，他对着镜子中满面愁容的自己下令说："你得微笑，把脸上的愁容一扫而光；现在立刻开始，微笑。"于是，威廉·史坦哈转过身来，微笑着跟他的太太打招呼："早安，亲爱的。"她怔住了，惊诧不已。史坦哈说："从此以后你不用惊愕，我的微笑将成为寻常的事。"

过了两个月，史坦哈每天早上都对妻子微笑。结果怎么样呢？微笑改变了他的生活，两个月中，他的家庭所得的幸福比以往一年还要多。

现在，史坦哈对大楼的电梯管理员微笑；对大楼门廊里的警卫微笑；对地铁的卖票小姐微笑。当他在交易所时，对那些从未见过他的人微笑。于是他发现每一个人都对他报以微笑。

史坦哈带着一种轻松愉悦的心情去同一些满腹牢骚的人交谈，一面微笑，一面恭听。过去很讨人厌的家伙，变成了一个受人欢迎的人；过去很棘手的问题，现在变得容易解决了。

毫无疑问，微笑给史坦哈带来了许多的方便和更多的收入。以前，他发现以前同别人相处很难，现在可完全相反，他学会了赞美、赏识他人，努力使自己用别人的观点看事物。从此他快乐、富有，拥有友谊与幸福。所有的人都希望别人用微笑去迎接他，而不是横眉竖目，横眉竖目会阻碍了心灵与思想的交流。

因此，有的公司在招聘职员时，以面带微笑为第一条件。他们希望自己的职员脸上挂着笑容，把自己的公司推销出去。用微笑先把自己推销出去，最好的例子是美国联合航空公司。

美国联合航空公司有一个世界纪录，那就是在 1977 年载运了最大数量的旅客，总人数是 35566782 人。

美国联合航空公司宣称，他们的天空是一个友善的天空，微笑的天空。的确如此，他们的微笑不仅仅在天上，在地面便已开始了。

有一位叫珍妮的小姐去参加美国联合航空公司的招聘，当然她没有关系，也没有熟人，也没有事先打点，完全是凭着自己的本领去争取。她被录取了，你知道原因是什么吗？因为珍妮小姐脸上总带着微笑。

令珍妮惊讶的是，面试的时候，主试者在讲话时总是故意把身体转过去背着她，你不要误会这位主试者不懂礼貌，这是他在体会珍妮的微笑，感受珍妮的微笑，因为珍妮是通过电话工作的，她做的是有关预约、取消、更换或确定飞航班次的事情。

那位主试者微笑着对珍妮说："小姐，你被录取了，你最大的资本是你脸上的微笑，你要在将来的工作中充分运用它，让每一位顾客都能从电话中体会出你的微笑。"

虽然可能没有太多的人会看见她的微笑，但他们透过电话，可以知道珍妮的微笑一直伴随着他们。

如果你想向别人展现你最好的一面，那么从现在开始你要学会微笑。

做人圆通　做事变通

好口才是解决问题的利器

所谓做事也就是解决各种各样的问题，如果说，一个人需要在做人上展现自己真实的一面，在做事上则要善于运用一些"虚"的技巧来包装自己。而口才，正是一门最有用的"虚"的本事。

在现代社会，说话、演说已成为现代人交际、办事必须具有的重要能力，好的口才是你展示才能的交易平台，是包装做事的理性之美，更是创造型、开拓型人才的必备素质。

在生活中，我们常常听到"我真佩服某人的口才"的话。这里所说的口才，就是口语表达的才能，即善于用口语准确、生动地表达自己思想感情的一种能力。随着社会交往的日益频繁，人们越来越重视口才的功能了。

关于口才的魔力，不禁让人想起舌头的功能。古希腊《伊索寓言》中有这样一则故事。

据说伊索年轻时在贵族家当奴仆。有一次，主人设宴，广大宴宾客，来者多是哲学家。主人令伊索备办最好的菜肴待客。于是，伊索专门收集各种动物舌头，办了个舌头宴。开餐时，主人大吃一惊，问道："这是怎么回事？"伊索答道："您吩咐我为这些尊贵的客人办最好的菜，舌头是引领各种学问的关键，对于这些哲学家来说，舌头宴不是最好的菜吗？"客人听后，发出赞赏的笑声。主人又吩咐伊索说："那我明天要再办一次酒席，菜要最坏的。"次日，开席上菜时，依然是舌头。主人见状，大怒。伊索不慌不忙地回答："难道一切坏事不是从口中说出来的

第二章　做人真实　做事包装
——实虚结合阐释圆通和变通的辩证统一

吗？舌头既是最好的东西，又是最坏的东西啊！"讲得主人一时间说不出话来。

历代政治家、军事家、社会活动家都十分重视发挥自己的演说才能。大名鼎鼎的英国前首相温斯顿·丘吉尔，是一位非凡的演说家。第二次世界大战时，他的一次演说，据说不仅使当场的几千人激动不已，而且通过广播让几百万人入迷。那次著名的战时演说对激励广大国民与法西斯血战到底起了很大的鼓舞作用。

现在，我们生活在和平的环境下，虽然不需上述那种慷慨激昂的战时演说，但前人的演说魅力仍令我们赞叹不已。无论经济、政治、科技、文化、教育哪个领域，人们在各种场合下都需要发挥说话的口才，从毛遂自荐、商务洽谈到发表施政演说，从接待中外来宾、发表祝词，到出席宴会、发表感谢辞，等等，口才作为一门艺术，在现代社会不再为少数的政治家、军事家所拥有，而被越来越多的人所运用，它的作用越来越显得重要。

例如，作为一个社会公职人员，必须具有演说的才能，否则，他将难以应付各种场合，更谈不上展示自己的魅力了。演说本身并不是目的，而是达到目的的一种手段。想要在短时间内向许多人传达大量的信息时，仍然要采取演说这种形式。领导者要宣传政策，鼓动人们的工作热情和生产热情，介绍生产经验，传授知识，发表对企业发展战略的观点、看法等，都需要具备演说才能。通过演说，可以使听众了解大量的信息，系统的思想观点、知识，获得对演说者的完整印象，以便对其言行作出判断。如果领导者高高在上，不通过演说的方式，而仅仅通过电话、文件来管理生产工作，就会无形中割断领导与群众之间的联系，必然会造成无形的隔阂。反之，直接和群众见面，把自己的想法直接向群众讲出来，则可以显示出自己的水平，并赢得群众。这也是领导"包装"自己的一条捷径。

如有一个厂长就职时向工人发表了别出心裁的演说："我来当厂长，打心眼里高兴！但厂长不好当，担子重啊！从现在起，我这个厂长给大家交个底儿，我不想干两年就'捞一把'，我是非跟大伙儿一块干出个样子来不可。好比一根绳子上拴着两只蚂蚱，飞不了你们，也蹦不了我……"这几句话虽不慷慨激昂，但让人们觉得实实在在，含意不平常。他赢得了群众的信任，许多人说："这个厂长挺实在……""厂长是个老实人，我们跟着实在的厂长干，心里踏实……"这位厂长当着全厂职工第一次亮相就"得了高分"。他这次亮相的确对演说的方式、内容、角度进行了周密的考虑，实实在在地讲了自己上任时的心理活动及上任后的打算，从而达到了与职工交流的目的。

因此，在现代社会中，会说话、好办事已成为一种时尚，是许多成功人士的撒手锏，也是他们成功的跳板之一。人们活着，不仅仅是为了活着，而是为了做成一些事情，成就事业，实现为自己、为他人、为社会而设定的某些理想和某些目标。而获得抵达这一理想境界的通行证就是语言，就是高超的说话水平。

富兰克林说："说话和事业的进步有很大的关系，你如出言不慎，你如跟别人争辩，那么，你将不可能获得别人的同情、别人的合作、别人的动力。"这是千真万确的，一项事业的成功，常常与一次成功的谈话有直接关系。所以，你想获得事业上的成功，必须具有能够应付一切的高超的说话水平。

第二章 做人真实 做事包装
——实虚结合阐释圆通和变通的辩证统一

培养自己独特的气质

气质是一个人内在涵养或修养的外在体现。气质是内在的不自觉的外露，而不仅是表面功夫。假如胸无点墨，任凭用再华丽的衣服装饰，这个人也是毫无气质可言的，反而会给他人一种很肤浅的感觉。因此，假如想要提升自己的气质，做到气质出众，除了穿着得体、说话有分寸之外，就要不断提高自己的知识、品德修养，不断丰富自己。

从人群中走过时，你能够从那些匆匆而过的行人中间发现哪些人是人生的成功者、哪些人是人生的失败者吗？其实，区别他们很简单。一个最为直观的鉴别方式就是看他是否拥有良好的气质——成功者气质、明星气质。成功者走路的姿势、速度、眼光、表情、神态是迥然不同的，也可以说他们都拥有成功者的气质。他们行走的速度是快捷的，目光如剑，神态自信，你会发现他周身都洋溢着一种目光远大、自立自信自强的气质。当然也不排除这样一些人，他们在某一方面，比如事业上取得了极大的成功，看起来却并没有什么气质，那这样也只能算作是一种片面的成功，而称不上是一个真正的成功者。

气质在捕捉机遇的过程中具有不可忽视的作用。气质是人们典型而稳定的心理特征，这主要表现为一个人情绪体验中的强度、速度，以及动作反应的敏捷性等。

人的气质具有较大的差异性，而气质的差异又决定着人们在日常行为中所表现出来的性情和灵敏度等方面必然存在一定的差异，影响着个人所宜于捕捉机遇的类型。气质对于人们的行业与职业选择、机遇的捕捉等都有重要影响。人们应该根据各自的气质正确地面对挑战，谋求适宜的职业与人生环境，从中获取各种最能发挥个人气质特点的良机，实现幸福。

真正的人生成功者首先要有良好的气质，这是一种视觉上的标识。有些人或许会说：我现在只是一个平凡的人，没有必要去培养成功者的气质，在我取得了所追求的事业成功之后，我就必然有了成功的形象。事实上，这种想法是很不正确的。

生活中的事并非都如此，你必须在取得你所期望的成功之前，塑造好你成功的自我形象，培养你良好的气质。成功者的视觉标识，有两层意思：一方面，良好的气质作为这种视觉标识，则指它是成功者成功的前奏，是一种征兆；另一层意思是指这种良好的气质是成功者的一种标志。没有这种良好的气质，就算不上是一个真正的成功者。

一个人的气质是内部修养，外在的行为谈吐，待人接物方式态度等的总和。优雅大方、自然的气质会给人一种舒适、亲切、随和的感觉，因而，它会使人在社交场合受到欢迎，增加成功的概率。

成功的气质源于持久、充足的自信，坚信凭自己的能力能够超越苦难，坚信靠自己的魄力能够打开困境，坚信发挥自己的智慧能够出奇制胜。而一个失败的人，缺乏的正是这种坚定的自信力，缺乏心理上的必胜信心，更缺乏一种领先一步的智慧，处处无能为力，只能听凭命运的摆布。

那些杰出人物的身上，都有一种成功的气质。很多伟大的人物一生中坎坷多难，但是他们愈挫愈奋，仿佛自己就是一切事物的主人，就是一切行动的统帅，前方那个巨大的胜利就等待他们去获取，眼前的一切

第三章 做人真实　做事包装
——实虚结合阐释圆通和变通的辩证统一

困难都是暂时的，都必定被他们克服。这种成功的气质，我们每一个人都有，只是有的人把它挖掘出来，而有的人让它终生沉睡。

无论你现在是贫是富，也不管你处于什么位置。"成功者气质"正是让你越过一些既定的标准而鹤立鸡群的某种特质。想象一下你所到之处，假如有个人有着特殊的成功者的气质，他就会像磁铁一样，不管他站在哪里，身边总是有一群人围绕着他。不管他的头衔是什么，总是不由得令人肃然起敬。虽然你并不怎么富有，但你也希望能获得他人对你的尊敬吧！想要达到自己的目的，就要付出。要想拥有成功者的气质，你必须按部就班，在每一个阶段都要进行培养，日积月累才会有所收获。

无论是职场还是日常生活，你的从容不迫会"折服"很多人，使你前进的路走得更快更稳。在猛烈的批评、巨大的争议、超常的压力以及变革的挑战下，能够做到从容不迫，不只是一种勇气，也是一项技巧，更是一种成功者的气质。

成功者的独特气质，可以通过身体的各种动作，如站姿与坐姿、走路的样子、说话的姿势或一颦一笑等表现出来。自然而毫不做作的动作所流露出的权威感，就像一条无形的绳子，牵引着对方，使对方在不自觉中为你所吸引。究竟是什么样的动作才具有如此特殊的吸引力呢？很简单，稳重的步伐、有力的握手、充满自信的眼神、从容不迫的气度等！这些，都将使对方产生"与你认识，是我的光荣"的感觉，以及"与这个人谈判，千万不得无礼"的自我警惕。在这样的情况下，你的各种能力，都会有所提高。

但是，气质不是学来的，而是培养出来的。虽然你是平凡人，也可

做人圆通　做事变通

以多学一些东西，例如学跳舞，学交际。有句话说"近朱者赤，近墨者黑"还是很有道理的，你可以接近一些气质好的人，想成为什么人，就和什么人做朋友，亲君子，远小人。时间长了，气质就自然而然地流露出来了。

因此，任何时候，不管你是成功还是失败，都应表现出成功者姿态的从容不迫和微笑，这就是成功者应有的气质。

做事情不要把喜怒挂在脸上

做事情需不需要包装是个不需要讨论的问题，比如你心中有气，是"真实"地把气撒给别人，还是包装一下自己的情绪呢？答案不言自明，与外界交往时要尽量做到喜怒不形于色，才能最大限度办成事情、保护自己。

喜怒不形于色是当今复杂社会中必须具备的手段，它不仅能避免你过于锋芒外露而招致的种种嫉妒与暗算，而且其中包含的以弱图强、以柔克刚的道理，已经作为一种重要的谋略，被人们应用于多个领域中。

老子曾说过："弱之胜强，柔之胜刚，天下莫不知，莫能行。"其实在军事领域和政治领域中，这个真理都适用。

如越王勾践臣事吴王夫差，如诸葛亮大摆空城计，如孙膑减灶惑庞涓，但无论哪一种，它表面上所显示的，都不是它的真实情况或意图，

第二章 做人真实 做事包装
——实虚结合阐释圆通和变通的辩证统一

这就叫"喜怒不形于色",其目的是作为一种包装手段麻痹对方,从而战胜对方。

又如,在三国时期的大舞台上,与曹操、孙权相比,刘备是最没有实力的一位。曹操是大宦官的后代,虽然出身算不上高贵,但有势力;孙权世代坐镇江东,有名望,有武力;唯有刘备,一个编草鞋、织苇席的小工匠,属于当时社会的最下层,名望、地位、金钱,什么也没有,他唯一的资本,便是他那稀释得早已寡淡如水的一点刘汉皇家血统,而当时有这种血统的人,普天之下也不知有多少,谁也不将这当回事。可刘备却偏偏沾了这个光,那个孤立无援的汉献帝为了多一分支持,按照宗族谱系排列下来,竟将这个小工匠认作皇叔,留在了身边。这固然让刘备脸上有光,可也成了招风的大树,为曹操所猜忌。

刘备虽然不满意于曹操的僭越,可他却没资格同曹操抗衡,只是暗中参加了一个反曹联盟,却又提心吊胆,时时防备着曹操对他下毒手。好在他在朝廷也无所事事,便干脆在住处的后园里种起菜来,大行韬晦之计。然而曹操还是没有放过他,于是便发生了"青梅煮酒论英雄"的故事。这个故事被《三国演义》渲染得有声有色,早已是人所共知的了。

虽说此时的曹操并没有将刘备放在眼里,但也不是完全放心,他之所以邀刘备饮酒,之所以专门谈起谁是当今英雄的话题,之所以说"今天下英雄,唯使君与操耳",意在试探,刘备原本心中有鬼,以为被曹操看破,所以吓了一跳,才将手中的筷子失落在地,偏偏此时又打了个炸雷,刘备才得以以"闻雷而畏"为借口,既表示自己不是当英雄的材料,又将自己惶恐的心情掩饰过去了。由于这一次的示弱,消除了曹操的疑心,才有了他后来的发展。

做人圆通　做事变通

喜怒不形于色是指无论祸福险夷的来临，还是横逆生死之际；无论处在功名富贵之中，还是处在山林贫贱之际，他们的心中总有一个自己的主宰存在，不被外物与环境所左右。

宋代有这样一个故事，《宋吏》记载：向敏中，天禧（真宗年号）初，任吏部尚书，为应天院奉安太祖圣容礼仪使，又晋升为右仆射，兼任门下侍郎。有一天，与翰林学士李宗谔相对入朝，真宗说："自从我即位以来，还没有任命过仆射的。现在任命向敏中为右仆射。"这是非常高的官位，很多人都向他表示祝贺。徐贺说："今天听说您晋升为右仆射，士大夫们都欢慰相庆。"向敏中仅唯唯诺诺地应付。又有人说："自从皇上即位，从来没有封过这么高的官，不是勋德隆重，功劳特殊，怎么能这样呢？"向敏中还是唯唯诺诺地应付。又有人历数前代为仆射的人，都是德高望重。向敏中依然是唯唯诺诺，也没有说一句话。退出后，有人问厨房里的总管，今天有亲戚宾客的宴席吗？回答也没有一人。

第二天上朝，皇上说："向敏中是有大能耐的官职人员。"向敏中对待这样重大的任命无所动心，大小的得失，都接受。这就做到了喜怒不形于色，人们三次致意恭贺，他是三次谦虚应付。可见他自持的重量，超人的镇静。正如《易经》中所说："正固足以干事。"所以他居高官重任30年，人们没有一句怨言。他能以这样从政处世的方法，对于进退宠辱，都能心情平静地虚心接受。所以他理政应事，待人接物，也就能顺从天理，顺从人情，顺从国法，没有一处不适当的。

在当今复杂的社会中，喜怒不形于色是你做人做事应具备的手段，这样，你才不会遭受别人的嫉妒与算计，才会通通畅畅做人，顺顺利利做事。

做人真实 做事包装
——实虚结合阐释圆通和变通的辩证统一

真实与包装并不矛盾

如今，事事都兴包装，一个人似乎一包装，就招人惹眼，一件事物一包装，就身价倍增，包装之风已经成为一种时髦。

有人说："包装是不真实的表现，是虚伪的表现。"然而，真实与包装并不矛盾。

首先，包装不等于伪装，把包装当做伪装，金玉其外，败絮其中，那就不好，比如，有位少女为了赶时髦追求洋味，便托人从国外带回一件印有洋文的文化衫。她本人并不懂洋文，穿上舶来品走在街上果然引起人们的注目，她洋洋自得，感觉良好。不料一日遇上几个大学生，冲她直乐，那乐中分明包含着鄙夷和挑逗，开始她有几分不自在，继而感到恼火，接着破口大骂"臭流氓！"大学生并不善罢甘休，说你不知羞耻反而骂人！接着告诉她，你穿的文化衫上印的字是"请吻我"！这时，她才羞得无地自容，低着头钻出人群一溜烟似的跑掉了。

对于青年人来讲，应力求真实，把精力集中在提高自身素质，创造实绩上，那才是永恒的美。否则，包装不恰当、不到位则会自取其辱。

其次，包装要以真实为基础，倘若不是以真实为基础，假戏做过了头，一旦露馅儿会闹出大笑话来。比如有位做小本生意的青年，本来手头拮据，为了摆阔蒙人，下了很大功夫包装自己。外出时左手提一只高档密码箱（其实里面装的是几件破衣服），右手拿个大哥大，嘴里叼支高级烟，就要这个派头。这天，一位客户偏偏有急事要借用他的大哥大打电话，一按之下戳破了西洋镜。原来那是一部从商店里买来的玩具电话，是做样子的。弄假没有成真,把买卖也搞砸了,难堪至极,自不待言。

质量不好的商品是没有多少人买的,而那些本身质量好,包装又美观大方的商品是会受到很多顾客的青睐的,所以聪明的商家除了注重产品本身的质量外,还非常看重商品的包装,让商品产生一种感性的美,吸引顾客的目光,进而产生买的欲望,虽然这不是促使顾客产生购买欲望的决定性因素;但包装也是一门艺术,是价值的一种体现,要不然,现在的人为什么以高价请设计师为自己装修房子呢?为什么金子从沙堆里开采出来经过加工后立即身价百倍呢?但是践踏包装,把包装建立在虚假上,自欺欺人,到头来只能喝下自己酿造的苦酒。

最后,真实需要包装的衬托,所谓"郎才女貌",好的东西当然需要美的东西来搭配、来衬托。举一些简单的例子:一个得了绝症的男孩子的头发光秃秃的,妈妈为了不让他发觉,不让其他孩子对他产生异样的眼光、嘲笑他,给他买了假发和帽子。在这里,"包装"不是一种真情的流露吗?一个脸上长满雀斑的女孩子产生了自卑的心理,妈妈为了让她重现自信,除了教育和鼓励她以外,还给她买了遮瑕霜,在这里,"包装"不是一种精神火炬吗?这都是用"包装"体现了"真实"。虽然那男孩子没有真的长出头发,那女孩子没有真的去掉雀斑,但他们都衬托出了人世间最真实的东西——真爱,难道这还不够真实吗?

真实与包装并不矛盾,道理其实很简单。真实好比一杯白开水,包装好比是茶叶,两者相融,只要掌握好量与度,就会泡出好茶。

第四章

做人独立　做事协作
——寡众相随秀出圆通和变通的独特魅力

独立是成熟做人的起始点。人们激发与挖掘自身潜能，吸收万物精华后，形成了独一无二的人格，拥有了自己的信仰，形成了自己的思想体系，自己为人处世的方式。协作是理性之精髓，现代社会中如果缺少了协作精神将寸步难行。协作做事，首先要学会独立地完成任务，才能进一步与人分工协作。做人独立与做事协作相结合，寡众相随，才能秀出圆通和变通的独特魅力。

做人圆通　做事变通

不要随波逐流

一位哲人提出:"与其花许多时间和精力去凿许多浅井,不如花同样的时间和精力去凿一口深井。"

一个人能认清自己的才能,找到自己的方向,已经不容易;更不容易的是,能抗拒潮流的冲击。许多人仅仅是为了某件事情时髦或流行,就跟着别人随波逐流。他忘了衡量自己的才干与兴趣,因此把原有的才干也付诸东流。所得只是一时的热闹,而失去了真正成功的机会。

一个真正独立的"人",必然是个不轻信盲从的人。一个人心灵的完整性是不能破坏的。当我们放弃自己的立场,而想用别人的观点来评价一件事的时候,错误往往就不期而至了。

我们也许可以做这样的理解:"要尽可能从他人的观点来看事情,但不可因此而失去自己的观点。"

当我们身处于陌生的环境,没有任何经验可供参考的时候,就需要我们不断地建立信心,然后才能按照自己的信念和原则去做。假如成熟能带给你什么好处的话,那便是发现自己的信念并有实现这些信念的勇气,无论遇到什么样的情况。

时间能让我们总结出一套属于自己的审判标准来。举例来说,我们

第四章 做人独立 做事协作
——寡众相随秀出圆通和变通的独特魅力

会发现诚实是最好的行动指南,这不只因为许多人这样教导过我们,而是通过我们自己的观察、摸索和思考的结果。很幸运的是,对于整个社会来说,大部分人对生活上的基本原则表示认可,否则,我们就要陷于一片混乱之中了。保持思想独立不随波逐流很难,至少不是件简单的事,有时还有危险性。为了追求安全感,人们顺应环境,最后常常变成了环境的奴隶。然而,无数事实告诉人们:人的真正自由,是在接受生活的各种挑战之后,是经过不断追求、拼搏并经历各种争议之后争取来的。

如果我们真的成熟了。便不再需要怯懦地到避难所里去顺应环境;我们不必藏在人群当中,不敢把自己的独特性表现出来;我们不必盲目顺从他人的思想,而是凡事有自己的观点与主张。

坚持一项并不能得到别人支持的意见,或不随从一种普遍为人支持的原则,都不是件容易的事。一个人不愿随波逐流,并愿意在受攻击的时候坚持信念,的确需要极大的勇气。

在一次社交聚会上,在场的人都赞同某个观点,只有一位男士表示异议。他先是客气地一言不发,后来因为有人直截了当地问他的想法,他才微笑道:"我本来希望你们不要问我,因为我与大家的观点不同,而这又是一个多么难得的社交聚会。但既然你们问了我,我就把自己的想法说出来。"接着,他便简要地陈述了自己的观点,结果立即遭到大家的反驳。但他坚定不移地坚守自己的立场,毫不让步。最后,他虽然没有说服别人赞同他的看法,却获得了大家的尊重。因为他坚守自己的观点,没有做别人思想的附庸。

而如今,我们生活在一个专家至上的时代。由于我们习惯于依赖这些专家权威性的观点,因此便慢慢丧失了对自己的信心,以致对许多事情很难提出意见或坚守信念。

我们现行的教育方针，通常是针对一种既定的性格模式来完成的，所以这种教育方式很难培养出独立的领导人才。由于大部分的人都是跟随者而不是领导者，因此我们虽然很需要领袖人才的训练，但同时也很需要训练一般人如何有意识、有义务地去遵从领导。如此，人们才不会像被送上屠宰场的牛羊一样，盲目地随着专家、领导走，赴"刑场"也茫然不知。

所以，那些为自己子女的教育方式大胆提出见解和观点的父母，的确需要勇气。因为通常别人会告诉他们，最好把这些问题留给那些资深专家或权威去解决。但是总有一些勇敢的人，敢于挺身而出，打破权威的观点，对自己儿女的教育问题提出更加切合实际的见解和观点。有位喜欢独立思考并坚守自己信念的中年人，不断提出问题，并且独自与一般公众的意见对抗。不久，就有不少人敬佩他，选他出来当社区教育委员会的委员。后来，不仅他自己的子女，还有不少学生因他所提出的建议而受益。

有许多婴幼医师告诉我们喂养、抚养和照顾孩子的方法，也有许多幼儿心理学家告诉我们该如何教育孩子；做生意的时候，有许多专家提醒我们如何做方能使生意红火；在政治上的选择活动，大部分人也是跟从某些特定团体的意见；就连我们的私生活，也经常受某些所谓专家意见的影响。这些所谓的专家通过观察、研究、著述，然后把意见传达给大众，让大众去消化、吸收，并断定它们是一剂药到病除的灵丹妙药。

生活中的大部分人都不会明白，其实自己才是这个世界上最伟大的专家。只不过是因为某些"专家"这么说，或因为那是一种时尚，跟着

第四章 做人独立 做事协作
——寡众相随秀出圆通和变通的独特魅力

做也可以凑个热闹，图个时髦。

的确，我们今日最难要求自己达到的境界便是："成为你自己。"在充满了大众产品、大众媒介及装配线教育的当今社会，认识自己很难，要保持自己的本来面目更难。我们常以一个人所属的团体或阶层来区分他们的特点，如"他是工会的人"、"她是职业妇女"、"他是自由派"等等。我们每个人几乎都贴有标签，也毫不留情地为别人贴上标签，这很像是小孩玩的"捉强盗"的游戏。

爱德加·莫尔常常用所谓的"蜗居状况"来警告世人，他认为这种情形会扼杀人类个体的宝贵价值。他说："人类还无法达到天使的境界，但这也并不是我们必须变成蚂蚁的理由。"

只有成熟的心灵才能够体验人类这种光荣的本质，也只有成熟的灵魂才能体会到"比天使低一点"，而不是"比禽兽高一点"的心情。对所有这样的人来说，盲目顺从只是怯懦者的避难所，而不是现实。

对于生活中的我们来说，能拥有自己的完整心灵，使其神圣不受侵犯，即坚守心灵的感应，不要盲从，不要随波逐流，是非常重要的。

独立激发出潜能

独立是什么？独立给人的感觉是孤单，是一个人独来独往。独立似乎是一个人虚无缥缈地畅游，似乎是一只小鸟自己试着飞行去寻找食物，似乎是一条鲤鱼总想跃过龙门，似乎是一条小鱼幻想游遍整个大海。

我们小时候总是回家等饭吃，过着饭来张口的生活，长大了，就不得不亲自回家弄饭吃。我们以前也没有做饭的经验，但面对生活，我们必须得自己试着做饭炒菜，如果做得不错，谁都有了自己的拿手菜，客人来了，随时准备露几手。

独立激发潜能，我们每个人都深有体会。

近代以来，世界格局一个突出的特点，就是离散群体的成就大于其母体。海外华人约有6000多万，但他们拥有的财富总值很有可能超过大陆近13亿中国人，有人推算他们一年创造的产值，相当于日本的国内生产总值，也就是约5倍于中国内地。

离散群体的这种优越表现当然令其母体民族有点尴尬，但同样也是母体民族的骄傲。因为离散群体虽然游离在外，但与母体文化总是若即若离，有着千丝万缕的关系。所以，他们的成功同样也是其母体文化的成功，他们的经验同样也值得身在祖国故土的人们学习。

扎根于马来西亚的华人作家黎紫书说，马来西亚年轻的华文作家在发现"断奶"痛苦的同时，也发现打开视野吸收新的养分却一点儿都不困难。

"被遗弃族群"的悲哀，"孤儿"的心态，都逐渐淡化了，作为独立完整个体的马来西亚华文文学正在形成。作家严歌苓说，她从来不认为自己写的是"移民小说"。她从中国移居到美国十多年，却不能完全脱离母体。样貌改变不了，本身文化的根须暴露在外，非常敏感，触动了便会疼痛起来。然而，她也极其欣慰地宣告：离散是个美丽的状态。她说，离散让人的触觉更敏锐，视觉更客观，心灵鲜活得像孩子一样，能够完全打开，这对作家来说的确是"非常幸运"的。

第四章 做人独立 做事协作
——寡众相随秀出圆通和变通的独特魅力

台湾诗人、学者余光中谈论离散文学，则让人体会不到丝毫的"离散"，因为他本身就是中华文化的母体！他曾经这样说："在此地，在国际的鸡尾酒里，我仍是一块拒绝融化的冰……"余教授认为，语文是有民族性的，用中文写出来，便是中华文学。就像德国文豪托马斯·曼说的："凡我到处，就是德国。"余教授的看法是，吸收当地文化，组合形成当地文风，其实是民族文学拓展的一种过程。离散是一种文学状态，民族离开固有社会，天才便往往得以发挥。所以从唐僧的时代开始，就产生了留学生文学，杜甫颠沛流离，产生了难民文学；苏东坡下放，也产生了贬官文学。

作家贾平凹谈起他写作 22 年的甘苦说："开始，稿子向全国四面八方投寄，四面八方退稿涌了回来。我心有些冷，恨过自己的命运，恨过编辑……夜里常常一个人伴着孤灯呆坐。"

后来，他发奋起来，将所有的退稿信都贴在墙上，以便抬头低眼都能看到"自己的耻辱"。他说："孤独是文学的价值，寂寞是作文的一番途径。"

钱锺书就是在他的"孤独"境遇下，培养出了生命的韧劲。这种韧劲使他能抗衡住各种各样的压力，经过"九蒸九焙的改造"，仍然保持住他的一颗求真、向善、爱美的灵魂。那些世人热衷企求的东西，他都淡然处之，始终保持着童真和痴气，安安心心做着学问。

这些作家令人感动而深刻的话语或事迹告诉我们，最重要的不是我们在哪里，而是我们自己的触觉、视野、心灵、毅力和才智能否得到充分发挥。只要我们自己不僵化、不保守、不麻木、不冷漠、不懦弱，我们留在故土，同样也可以保持一种健康美丽的心态，心灵照样也可以"鲜活得像孩子一样，能够完全打开"，同样也可以"拒绝融化"，同样可以发挥出自己的创造力来。

用"和"把双输变成双赢

"和"是中华传统文化的重要内容,富有深厚的内涵。有道是:"家和万事兴"、"和能生财",这都体现出了"和"的崇高和宝贵。

胡雪岩经商做生意非常善于利用"鱼饵",这使得他在生意场中屡屡成功。

有一次,王有龄用十余艘海船载着20万石官粮从宁波港出发,准备驶往天津。不料,船队行至上海时,被漕帮用几十艘小舢板装扮成的火船给烧了个干净。消息传到海运局,王有龄闻之大惊,赶紧呈请巡抚衙门调查真相,缉拿纵火犯。

可是,十几天过去了,此事仍毫无头绪。王有龄心急如焚。这时胡雪岩匆匆忙忙地赶来了。

"查到什么消息了吗?"王有龄急切地问。

"当然,这是漕帮中的青帮所为,"胡雪岩神色凝重地说,"这事说来话就长了。"

于是,胡雪岩讲述了事情的前因后果,原来,王有龄的海运局砸碎了漕帮的饭碗。自隋炀帝开凿大运河以来,南方产米之地,每年都要运粮北上。千百年来,这种粮运逐渐发展壮大,除运粮米外,也有别的物

第四章 做人独立 做事协作
——寡众相随秀出圆通和变通的独特魅力

品,统称为漕运。参与漕运行当的人,包括船家、账房、伙计、船老大等各路人马,以及运河两岸以运输为业的人家,结成了"漕帮",以互相支援,调节关系,统一行动。

清朝以来,由于政府漕运管理机构视漕运为肥肉,人人染指,使得漕帮日渐衰败。于是,漕帮逐渐帮派组织化,明火执仗或趁月黑风高时,大行抢劫。后来,漕帮又在运河中设卡收税,无视法度,犹如另外一个王国,让朝廷甚为恐慌。太平天国定都南京后,京杭运河经常受战事影响,漕运更为不力。于是有大臣建议,何不改漕运为海运,可既不受战事影响,又可使漕帮势力自然消亡,解决国家的心腹之患。

于是,朝廷成立海运局。此局一开,果然运输比漕运有效,海运局也因此而大发。然而,这对漕帮众兄弟来说,却是火上浇油、雪上加霜。由于朝廷粮米不再由运河北运,这等于是夺了漕帮的饭碗,于是许多帮内人员把目光投向了海运局,准备报复。王有龄的运粮船队就这样被烧了。听完胡雪岩的述说,王有龄沮丧地说:"如此说来,那就只有关门,让朝廷下令恢复漕运吗?"

"那也未必,"胡雪岩说,"自古以来,民不与官斗。如今漕帮敢烧毁朝廷粮米,也是被逼无奈。如果朝廷追查下来,只会把漕帮逼上绝路,狗急也会跳墙,更何况,暗箭难防,斗下去只会两败俱伤,不如现在去与青帮讲和,分他们点好处,息事宁人。"

于是,王有龄请胡雪岩亲自出马去和谈。胡雪岩也是当仁不让,准备了一船杭州土产,找到在青帮当小首领的朋友陈三,乘船来到青帮的总部。与首领廖化生见过礼,送上一船杭州土产之后,胡雪岩又从怀中取出一张10万两的银票,放在盘上,双手奉献给廖化生。

做人圆通　做事变通

　　廖化生瞟了一眼，露出一点喜悦之色说："胡先生，你不带兵，却带来银票，想必是有什么谋划？"

　　胡雪岩说："前辈，雪岩今日前来，不过是因仰慕漕帮的声威，前来致意罢了。"

　　廖化生哈哈一笑："胡先生，你真会说笑话，今日的漕帮如西山之落日，哪里比得上海运局的声威！"

　　胡雪岩说："朝廷法令多改，全然不体谅民生的艰难，而海运局迫于朝廷王法，也不得不照章办事，也是难处多多，哪里还谈得上什么声威！"

　　廖化生说："我们是民，海运局是官。官既不为民着想，民又何必为官开方便之门呢？"

　　胡雪岩说："这次王先生的船被烧后，浙江巡抚严令追查真凶，明察暗访，近日拟就一封密函，要呈皇上亲启。"

　　廖化生敏感地问道："胡先生可知道其中有什么消息？"

　　胡雪岩目视左右，廖化生会意，挥手退去周围的人说："现在不妨直言。"

　　胡雪岩一言不发，从怀中掏出一封密函，交给廖化生。廖化生看完密函，脸色变得铁青，原来这正是浙江巡抚上奏朝廷的密函，里面历数漕帮滋扰地方，火烧粮船，目无法纪。信的最后说："漕帮名为货运之帮，实则杀人越货之帮。请圣上痛下决心，将漕帮一举歼灭，方可绝此后患。"

　　廖化生半响无言，心想，漕帮虽盛，却如何能与朝廷抗衡，一旦朝廷下旨清剿，只恐怕无数弟兄要为此丧命，想不到几百年的漕帮就要毁于一旦。念及此，廖化生一声长叹："事到如今，也只有与之一拼了。"

　　胡雪岩说："前辈请宽心，胡某已做了手脚，半路截此密函，朝廷

第四章 做人独立 做事协作
——寡众相随秀出圆通和变通的独特魅力

尚不知,如今重要的是赶紧把粮米、船只凑齐,运到天津,以免京中下旨查办。"

廖化生迷惑地说:"不知胡兄弟为什么如此相帮?"

胡雪岩说:"漕帮兄弟,自古靠水吃水,养家糊口全赖于此。如今朝廷全然不加体恤,另成海运,一个人突然被夺了饭碗,岂能不气?纵有出格之处,官府也应体察下情,岂能发兵一剿了之?况漕帮多少热血男儿,较量下来,不知要死伤多少人!"

"胡兄弟,难得你一片仁厚之心,我廖某真是看走眼了,胡兄弟,请受我一拜!"廖化生说着起身欲拜。

胡雪岩赶忙扶住廖化生说:"前辈,折煞后生了!晚辈岂敢受此大礼!"

把廖化生扶上座位,胡雪岩又说:"如今运河失修,战事频仍,漕运不畅,海道颇见成效,此也是大势所趋,所以皇上才下了圣旨。漕帮弟兄只有想办法另谋出路,才是长久的良策,否则,一味破坏,只恐逃脱这次,难逃下次啊!"

廖化生说:"道理在下如何不知?只是帮内弟兄,只会吃水上饭,别的营生一点也不会。"胡雪岩说:"我愿以钱庄出面,放款给前辈作购粮资本,弟兄可摇船到乡间收粮,聚拢出海,海运费用弟兄仍可享其半,如此,不知前辈意下如何?"

廖化生大喜过望说:"胡先生真是仁义四海!只是你便少赚钱了,于心实在不安!"胡雪岩说:"人在江湖走,全靠互相支撑,金钱乃是小事。"

这样,胡雪岩不仅化解了漕帮对海运局的仇恨,而且还利用漕帮把粮食生意做到各个乡间。后来,漕帮势力成为胡雪岩海运、漕运的有力保护者,使胡雪岩的生意受益无穷。本来,胡雪岩背后有朝廷,实力远远强过漕帮，并且，漕帮火烧官船又不占理，胡雪岩大可以让朝廷派兵"剿匪"。但这么一来，却有两个坏处，一是王有龄难逃"办事不力"的罪责，这不是胡雪岩想看到的，他可不希望他的靠山有什么闪失；二是从此结下了漕帮这个仇家，胡雪岩毕竟是个商人，商人讲究和气生财，讲究婉转退让，而不是斗气。于是他转而为漕帮筹划生计，利用这个"饵"，既解决了漕米北运，还钓到了漕帮这么一个大"朋友"。

和需要退让，有时甚至需要你牺牲部分个人利益来获得，但"和"往往是化解矛盾的不二法门，有时候，看似不可调和的矛盾，以一个"和"字当头，天大的难题也能迎刃而解。当然，"和"不是嘴上说说而已，还得拿出诚意。

在独立与协作中学会知人知己

老子说："知人者智，自知者明。"做人既要知人，又要知己。

《孙子·谋攻篇》又说："知己知彼，百战不殆；不知彼而知己，一胜一负；不知彼，不知己，每战必殆。"

既了解敌人又了解自己，百战都不会失败；不了解敌人而只了解自己，胜败可能各半；既不了解敌人，又不了解自己，必然每战必败。这里，孙子以简洁鲜明的语言，指明了掌握敌我双方情况对战争胜负的重要意义，揭示了唯有心中有数，方能永远立于不败之地的普遍性规律。

第四章 做人独立 做事协作
——寡众相随秀出圆通和变通的独特魅力

这一规律,不仅为古今中外的军事家所应用,而且已经成为致力于政治、经济、思想文化领域事业的仁人志士、专家学者们的行为准则。"知己知彼",是社会竞争的基本策略。

三国时期,刘备三顾茅庐,请得诸葛亮出山。诸葛亮为刘备仔细分析了竞争对手的情况,他指出:在当时的割据中,曹操已"拥有百万之众,挟天子以令诸侯",力量最为强大,刘备暂时还无法与之争斗;"孙权据有江东,已历三世,国险而民附,贤能为之用",只能联合而不能谋取。可以夺取的战略要地,只有荆、益二州。荆、益二州是用武之地,天府之国,更重要的是统治荆、益二州的刘表和刘璋,懦弱无能,不得人心,完全可以取而代之。然后,诸葛亮为刘备提出完整的大略方案:首先,占领荆、益二州,作为立足之地;其次,"西和诸戎,南抚夷越",妥善处理好同少数民族的关系;"外结好孙权,内修政理",搞好内政外交,发展实力;待时机成熟,就从荆、益二州兵分两路,进取中原,统一全国。这就是著名的《隆中对》。刘备对诸葛亮的谋略大为赏识,拜请他按此办理。后来的历史事实证明,诸葛亮对敌我双方特别是竞争对手的分析推断,是正确的。刘备的政治生涯,正是遵循这一条路线取得发展的。

元朝末年,各地农民起义军风起云涌。经过各地农民军,特别是北方红巾军的致命打击,元朝气息奄奄,死期将近。这时,朱元璋已经羽翼丰满,并踌躇满志。但他的东西两面,各有一支劲旅,构成了巨大威胁。东面是陈友谅,西面是张士诚,陈友谅拥有江西、湖广之地,是当时疆土最广、军力最强的势力,他野心最大,早有吞并朱元璋之意。他还派人与张士诚联系,彼此联合,东西夹击朱元璋。

朱元璋与群臣冷静地分析了竞争对手的情况,制定了对策。他们认为：陈友谅傲气十足，张士诚为人狭隘，傲气十足的人好生事，气量狭隘的人没有远大抱负。假如先攻张士诚，那么，张军就会顽强坚守，东面的陈友谅必然倾全国之兵，围攻过来，使自己处于腹背受敌的危险境地。反之，先攻陈友谅，气量狭小、无大志向的张士诚肯定拥兵自重，静观其变。陈友谅孤立无援，必败无疑。陈友谅兵败，张士诚则成为囊中之物，唾手可得。

从这种分析出发，朱元璋首先与陈友谅在鄱阳湖摆开战场，张士诚果然袖手旁观。朱元璋以全力对付陈友谅，获得全胜。之后，朱元璋又发兵打败了张士诚，从此再也没有能与之抗衡的力量。朱元璋乘胜进军，向元统治中心大都进发，推翻元朝，建立了明朝。

中外历史上那些懂得韬晦之术的人，一般都能够"知己知彼"。他们知道自己的力量比较弱小，不足以与竞争对手力敌抗衡，只得隐藏大志，屈身示下，以求一逞。越王勾践知道越国的力量抵不过吴国，不得不以一国君主的身份而为奴，卧薪尝胆，历尽艰辛；燕王朱棣知道自己的力量还不足以与朝廷抗争，因此，装疯卖傻，忍辱负重；身陷袁世凯软禁之中的蔡锷，知道自己在北京无一兵一卒，欲想倒袁必须出走，于是终日出没于烟花柳巷，耗费巨资置地买房，摆出一副不闻政治、胸无大志、沉溺酒色的样子……

商品经济条件下的社会竞争，更加需要"知己知彼"。商品经济的快速发展，使得竞争机制进入社会的各个角落，竞争以前所未有的广度和深度大规模展开。这种竞争，是真正意义上的社会竞争，处于社会竞争大潮中的人们，要想站稳脚跟，占据一席生存之地，就必须勇敢积极地投身于竞争，而要竞争得胜，就要知己知彼。

第四章 做人独立 做事协作
——寡众相随秀出圆通和变通的独特魅力

经营企业，必须知己知彼。《孙子兵法》曾主张从七个方面知己知彼。我们认为，经营企业，也要从这七个方面，将自己和对手比较起来，详细分析："主孰有道"，谁的上级决策机构及主管更英明？"将孰有能"，自己和竞争对手比，谁的德才素质更高？"天地孰得"，谁的政治、经济环境、地理位置更加有利？"法令孰行"，谁的规章制度、条例条令更能有效贯彻执行？"兵众孰强"，谁的职工素质更好？"士卒孰练"，谁对职工培训抓得好？"赏罚孰明"，谁的奖惩更加严明？

经过这番彼己双方的比较，可以清醒认识彼和己的长短强弱，进而以己之长克彼之短，效彼之长补己之短，化弱为强，以强制弱，从而立于不败之地。

知己知彼，这是现代的主题，时代的基调。

以合作求生存

人虽然是独立的个体，但却不是每一件事都能够独立去完成。不会与别人合作的人，就等于把自己送进地狱的大门。

有一个人被带去观赏天堂和地狱，以便比较之后能聪明地选择他的归宿。他先去看了魔鬼掌管的地狱。第一眼看去令人十分吃惊，因为所有的人都坐在酒桌旁，桌上摆满了各种佳肴，包括肉、水果、蔬菜。

然而，当他仔细看那些人时，他发现没有一张笑脸，也没有伴随盛宴的音乐或狂欢的迹象。坐在桌子旁边的人看起来沉闷，无精打采，而且瘦得皮包骨。这个人发现那些人每人的左臂都捆着一把叉，右臂捆着一把刀，刀和叉都有4尺长的把手，所以不能却把食物送进自己嘴里。因此，即使每一样食品都在他们手边，结果还是吃不到，一直在挨饿。

然后他又去了天堂，景象完全一样：同样的食物、刀、叉与那些4尺长的把手，然而，天堂里的居民却都在唱歌、欢笑。这位参观者困惑了，为什么情况相同，结果却如此不同。在地狱的人都挨饿而且可怜，可是在天堂的人吃得很好而且很快乐。最后，他终于看到了答案：地狱里每一个人都试图喂自己，可是一刀一叉以及4尺长的把手根本不可能吃到东西；天堂里的每一个人都是喂对面的人，而且也被对面的人所喂，因为相互合作，他们既达到了各自的目的，又能生活得相当快乐。

合作是我们赖以生存的手段，也是社会发展的趋势和必然。合作可以弥补我们的不足，提高我们的办事效率。在合作中，我们创造了一种"我为人人，人人为我"的生存状态，让每个人都在互相帮助的过程中达到自己的目的，实现自己的价值。也正是因为合作精神的存在，我们才能创造出和谐美满的天堂式的生活。

知对手之心也很重要

知己知彼的目的，在于胜彼，战胜竞争对手。为此，在知己知彼的

第四章 做人独立 做事协作
——寡众相随秀出圆通和变通的独特魅力

基础上，就要根据对手的特点，因势利导，相机行事，即因人制宜。

相传在宋朝时，有一年，北辽政权的八个侯王带兵十万进犯中原。辽兵在距边关十里处扎下营寨，随后派两名番兵到宋营下战书，这份战书只是一副对联的上联，说宋朝如有人对出下联，则马上收兵，绝不食言。

宋营将士拆开战书，只见那上联写道：

骑奇马，张长弓，琴瑟琵琶八大王，王均在上，单戈便战。

宋营将领相互传阅，无一能对。这时，地方上一位私塾先生听到了消息，星夜赶到宋营，写出了下联：

伪为人，袭龙衣，魑魅魍魉四小鬼，鬼都在旁，合手即拿。

下联送走之后，宋营将领对番兵八大王做了初步分析，从战书上可以感觉到他们目空一切，傲气十足。看到下联之后，一定恼怒成羞，自食其言，不但不会退兵，还可能来偷营劫寨。于是，作了精密的准备，设下埋伏，并分兵攻打番营。

番兵取回战书，主将一看，果然怒气冲天，连夜偷袭宋营。最后，偷袭不成遭暗算，自己的营盘又被偷袭，进退无路，不战自溃，八大王有的阵亡，有的被擒。

这一故事，是因人制宜方略的成功范例。

历代兵家，对因人制宜的研究最为到家。兵家所说，"怒而挠之"，"亲而离之"，"卑而骄之"，就是证明。

"怒而挠之"，如果敌将性格暴躁，就故意调戏、辱骂使之发怒，使之情绪受到扰乱不能理智地处理问题，盲目用兵，暴露破绽，进而相机歼灭。

"亲而离之"，如果敌军上下亲密无间，情同手足，团结一心，那么，就要利用或制造矛盾，进行挑拨离间，使之离心离德，分崩离析，从组织上削弱敌人。

"卑而骄之"，如果敌将力量强大，骄横轻敌，可以用恭维的言辞和丰厚的礼物示敌以弱，助长其骄横情绪，等其弱点暴露以后，再出其不意地攻打他。

兵家的因人制宜之术，在其他社会竞争领域未必是全部有效的，但其冷静理智的处世精神，还是有普遍效用的。

无论在哪一个社会竞争领域，都应该依据竞争对手的心理特点，相机行事。

独立不光是要照顾好自己，防护着自己，不但要知己，还要知人、知朋友、知对手、知朋友的心，才会交到真正的好朋友，鲁迅说："人生有一知己足矣。"知对手的心，才会做到真正的成功。这才是做事注意外力相助的作用，注意协作产生合力为你解决难题，使自己事业处于不败之地的正确出路。

为人处世要以和为贵

孔子的弟子冉有句名言："礼之用，和为贵。"而继孔子之后的孟子，也倡导"和"，孟子重人和，他认为"得道者多助，失道者寡助"，以民心的向背作为战争和政治成败的关键，做人也是如此。

第四章 做人独立 做事协作
——寡众相随秀出圆通和变通的独特魅力

《中庸》记载：鲁哀公向孔子询问政事，孔子说："周文王、周武王的政事都记载在典籍上。他们在世，这些政事就实施；他们去世，这些政事也就废弛了。治理人的途径是勤于政事；治理地的途径是多种树木。说起来，政事就像芦苇一样，完全取决于用什么人。要得到适用的人才在于修养自己，修养自己在于遵循大道，遵循大道要从仁义做起。仁就是爱人，亲爱亲族是最大的仁。义就是事事做得适宜，尊重贤人是最大的义。至于说亲爱亲族要分亲疏，尊重贤人要有等级，这都是礼的要求。所以，君子不能不修养自己。要修养自己，不能不侍奉亲族；要侍奉亲族，不能不了解他人；要了解他人，不能不知道天理。"

贾思勰的《齐民要术》也吸收了这一思想，其中说道："顺天时，量利，则用力少而成功多。任情返道，劳而无获。"《齐民要术》要求遵循天时、地利的自然规律，而不赞同仅凭主观而违反自然规律的"任情返道"，这就是要实现天时、地利、人和的三者统一。

清代著名的红顶商人胡雪岩就深谙"以和为贵"的道理，他生前名满天下，广结人缘。

胡雪岩，名光墉，原籍安徽绩溪，寄籍浙江杭州。生于清道光三年，因自幼丧父，家境困顿，少年时进入杭州"信和"钱庄当伙计。

他与王有龄相识之时，王有龄正是落魄的时候。当时，胡雪岩还是钱庄的伙计，他冒着危险将钱庄的500两银子挪出来，慨然赠予王有龄，让他去打通关节去做官，而自己却因此被逐出钱庄。王有龄得到胡雪岩资助的500两银子后，找到了昔日的同窗何桂清，在何桂清的帮助下，他顺利当上了浙江海运局坐办，专门主管海上运粮的船只，这个职位在清末算得上是肥差，从此王有龄红运大发，后来还当上了杭州知府，在他的鼎力相助下，胡雪岩也有了东山再起的机会。

胡雪岩与左宗棠相遇之时，左宗棠正忙于攻陷杭州城，当时军队急需粮草和军饷。官兵吃不饱，没有力气作战，又没有钱发军饷，官兵就更没有心思去卖力打仗了。胡雪岩见情况危急，没有提出任何条件，就出钱出力解决了这两道难题。从此，左宗棠与胡雪岩成为莫逆之交。

后来，在左宗棠西征新疆之时，胡雪岩是左宗棠的"总后勤"，因屡立奇功，经左宗棠保荐，被朝廷赏赐二品顶戴和黄马褂。这也是他"红顶商人"之称的由来。

台湾作家刘墉说："一个人人缘不好，大小事情只能靠自己去做，能力再强，又能做多少事？你的素质再高，如果只是将本身的能量发挥出来，不过能比常人表现得好一点而已；如果你能集合别人的能量，就可能获得超凡的成就。"

正是因为如此，有好人缘的人在社会上越来越受重视，许多公司在招聘高级管理人员时，都会考察他的人际关系如何。

莫洛是美国摩根银行的股东兼总经理，年薪高达100万美元。其实他以前只是一个法院的书记，后来做了一家公司的经理，他诚信待人，人缘极佳。莫洛之所以能被摩根银行的董事们看中，一跃而成为全国商业巨子，登上摩根银行总经理的宝座，据说是因为摩根银行的董事们看中了他在企业界的盛名和极佳的人缘。好人缘给莫洛带来的是地位和事业的成功，给公司带来的是良好的经营业绩。

没有"人和"的意识与行为，就不会有太大的成就。柔忍之道中，无论是"柔"，还是"忍"，都离不开一个"和"字，因为我们是要在社会人群之中生存的，既然要为人处世，就必须重视以和为贵。

第五章

做人胆大　做事心细
——大小融合收获圆通和变通的丰硕成果

胆大的人在当今竞争激烈的社会大环境下获得成功的概率往往比平常人多得多。细心是理性之标牌。只有时刻提醒自己，才会加倍小心，才会少走弯路，到达"目的地"。大胆和心细亲如两个相爱的人，关系如胶似漆，只有兼顾两者，大小融合，才会收获圆通和变通的丰硕成果。

做人圆通　做事变通

最大的恐惧是恐惧本身

　　人人都是天生的冒险家。从你出生的那一时刻起到五岁之间，人生第一个五年里，是冒险最多的阶段，而且学习能力也比以后更强、更快。

　　所以想象不出一个不及五岁的幼儿，整天置身于从未经历过的环境中，不断地自我尝试，学习如何站立、走路、说话、吃饭，等等。在这个阶段的幼儿，无视跌倒、受伤，一切冒险为理所当然，也正因为如此，幼儿才能逐渐茁壮成长。

　　当人的年经不断增大后，经历过愈多事情之后，就变得愈来愈胆小，愈来愈不敢尝试冒险。这是为什么？

　　其实这是个很简单的道理，大多数人根据过往的经验得知，怎么做是安全的，怎么做是危险的，如果贸然从事不熟悉的事，很可能会对自己产生莫大的威胁。所以，年纪愈大的人通常愈讨厌改变，喜欢安于现状，非得如此才能让他们感觉舒服。

　　行为科学家把这种心态称为"稳定的恐惧"，也就是说，因为害怕失败，所以恐惧冒险，结果观望了一辈子，始终得不到自己想要的东西，殊不知，凡是值得做的多少都带有风险。

　　行为科学家研究证实，人类"冒险是正常的，不冒险才是异常"。

第五章 做人胆大 做事心细
——大小融合收获圆通和变通的丰硕成果

虽然，大多数人害怕挑战，不过，透过冒险活动却可以让人更健康、积极、有活力，并能产生自信。从不冒险的人，不但容易忧郁颓丧，暴饮暴食，承受压力的能力也比较低。

害怕冒险往往是因为担心自己的能力不足。然而，有趣的是，一旦勇于接受挑战之后，绝大多数人立刻就会醒悟：自己拥有的能力竟然远远超过原来的想象！

能了解自己所具备的"超能力"其实是一件非常过瘾的事。据说，在美国的企业界，目前最流行的就是去参加户外挑战课程，如攀岩、急流泛舟、荒地探险、单车越野，等等，因为这些冒险活动可以让他们萎靡已久的身心重新得到振奋。

冲浪，也是一个极具挑战力的活动。冲浪者在学习驾驭浪头时，很清楚地意识到自己在对抗一股无法掌握的庞大力量，而且，没有任何两个浪是相同的，海浪总是变化多端、捉摸不定。但是，冲浪人却把这些视为考验身心的大好机会，他们甚至会主动寻找大浪，浪愈大，乐趣愈高，即使可能会被大浪击倒，吃进满嘴的沙粒，也无所谓。他们坚信：不去经历就无法突破。

冲浪者把对大海的恐惧当成刺激精力的兴奋剂，反过来利用这股力量去完成目标。这就如同医学报告指出的，人体在危险的情况下，会进入一种高度动力的状态，帮助自己立刻有效地应付变局。换句话说，挑战极限是人类天生的本能。

无可否认，所有的冒险，都会令人感到兴奋，同时也会产生焦虑。不过，话又说回来，在生命的过程中，冒险既然是不可避免的事，何不干脆让自己奋力放手一搏？

因此，当有冒险来临的时候，你要做的不是撤退，而是进攻；不是抗拒，而是因势利导。没有胆识，永远练不出好本领。

康腾辉是业余冲浪选手，冲浪资历超过 7 年。

以前，康腾辉虽然热爱运动，但是对"冲浪"这件事却一无所知，直觉认为非常危险。直到遇见一名外国友人，对方是冲浪好手，告知康腾辉有关冲浪的种种好处，见他形容得眉飞色舞，康腾辉则是半信半疑。

周末时，康腾辉约那名友人一起去冲浪，不料当天竟然风平浪静，没有什么浪可冲，康腾辉败兴而归。直到第三次的冲浪经验，才彻底改变了他的观念。

那天，正巧有一个台风即将从台湾附近过境，海边风很大，浪头从外海一波一波地滚向岸边。康腾辉趴在浪板上，双手奋力地向海面划过去，眼见前方有一个约莫四尺高的大浪即将翻落，他加快速度迎上去，感觉身体被浪头拉高，他随即站起来，微倾着身体，以时速大约 70 千米的速度沿着浪边顺势滑了下去……

那一天，康腾辉前后一共抓到两个大浪头，那些浪外表看起来颇为凶猛，而他居然能够轻易地驾驭它们，这种感觉让他直呼："哇！真是过瘾极了！"

在翻起的浪潮中，常会有追赶不及被刷下来的经验。有一次冲浪，康腾辉不小心被大浪卷进水中，脚上绑住的浪板也被冲掉了，情况十分危急，他果断抓住浪板尾端的绳子，重新趴上去，再借着海浪的推力漂回岸上。回到岸边后，他犹豫不决，后来他毅然决定继续下海冲浪。

"冲浪不仅要有常识，而且还要有胆识。"随着冲浪次数的增多，康腾辉愈来愈能掌控冲浪的诀窍。他观察一般人不敢尝试冲浪，主要是因

第五章　做人胆大　做事心细
——大小融合收获圆通和变通的丰硕成果

为害怕,但这纯粹是心理障碍,只要懂得把握技术、风向、潮流、地形等因素,就会发现冲浪并不是难事。

一年之中,康腾辉最兴奋的时候,就是听到台风来临的消息,他总是迫不及待地赶在台风登陆之前先到海边冲个痛快,自从迷上冲浪以后,他发现自己克服挫折的能力有显著的进步,比较不会钻牛角尖。"尤其是当你曾经玩过大浪,你就会觉得要解决这些小风小浪,真是再容易不过了!"他充满自信地说。

两说两个例子:

大学毕业之后,丁素兰教过一阵子书,后来决定改行,做房屋中介经纪人。

面试的时候,房屋公司的主试官告诉丁素兰:"因为你是女孩子,我们还在考虑要不要雇用你,担心你不能胜任。"丁素兰听了很不服气,心想:"你们等着看好了,我一定要向你们证明我的实力!"

事实上,丁素兰对房屋中介这个领域并不熟悉。尤其是在10年前,这个行业的社会形象并不太好,颇遭人议论,而女性经纪人更是少见。丁素兰外出拜访客户,常被人质疑:"奇怪,你这么老实单纯,怎么会来做这一行?"

确实,在一开始,丁素兰做得并不顺利,动不动就碰钉子,尤其是面对一些难缠的客户,用力关她的门、摔她的电话,甚至出口伤人等等,都让她非常难堪。

当教师时,不论走到哪里都备受尊敬。而现在不但要处处看别人脸色,还得强迫自己忍气吞声,这种180度的转变,丁素兰忍不住怀疑:自己究竟是不是选错了路?

然而，愈是怀疑，她愈是极力想找出答案。她期勉自己："如果内心的信念不够强烈，我绝对无法坚持下去。"她认为虽然这个行业或许过去的纪录并不好，但是，她可以借由个人努力来扭转。

丁素兰工作非常勤快，每天早出晚归，为了服务客户常常忙到深夜12点，才赶搭最后一班火车回基隆住处；为了取信客户，她的作业过程完全透明化，严守不赚差价的规范。慢慢地，丁素兰终于建立起自己的声誉，主动找上门的客户愈来愈多，在全公司一百多位业务员中，她曾经两度登上"Top Sales"年度排行榜榜首。

丁素兰的表现突出，职位也不断获得晋升，曾经做过四家分店的店长，如今则是区域主管，手上共掌管六家分店、50名业务员。这和她当年的预期差距颇大："我绝对想不到会有今天的成绩，我本来以为自己的极限顶多做到业务员而已。"走到这一步，她发现前面的机会很多，而她的潜力也不断地被开发。同样面对挑战，有人因害怕而退缩，有人则视为激励的处方。丁素兰不仅证明了自己的实力，并且终能赢得成功的果实。

迈克·英泰尔是一个非常平凡的上班族，却在37岁那年做出了一个疯狂的举动，放弃他薪水优厚的记者工作，并把身上仅有的三块多美元捐给街角的流浪汉，只带了干净的内衣裤，决定由阳光明媚的加州，靠搭便车与陌生人的好心，横越美国。

他的目的地是美国东岸北卡罗来纳州的"恐怖角"。

他之所以作出这样仓促的决定完全是因为自己精神即将崩溃，虽然他有好工作、美丽的同居女友、亲友，他发现自己这辈子从来没有下过什么赌注，平顺的人生从没有高峰或谷底。

第五章 做人胆大 做事心细
——大小融合收获圆通和变通的丰硕成果

他为了自己懦弱的上半生而哭。

仓促之间,他选择北卡罗来纳的恐怖角作为最终目的,借以象征他征服生命中所有恐惧的决心。

他检讨自己,很诚实地为他的"恐惧"开出一张清单:打从小时候他就怕保姆、怕邮差、怕鸟、怕猫、怕蛇、怕蝙蝠、怕黑暗、怕大海、怕飞、怕城市、怕荒野、怕热闹又怕孤独、怕失败又怕成功、怕精神崩溃……他无所不怕,唯一"英勇"的一次是他选择了记者这个职业。

这个懦弱的37岁男人上路前竟还接到奶奶的纸条:"你一定会在路上被人杀掉。"但他成功了,4000多里路,78顿餐,仰赖82个陌生人的好心。

他从没接受过别人的金钱上的帮助,在雷雨交加中睡在潮湿的睡袋里,也有几个像公路分尸案杀手或抢匪的家伙使他心惊胆战、在游民之家靠打工换取住宿、住过几个破碎家庭、碰到不少患有精神疾病的好心人,他终于来到恐怖角,接到女友寄给他的提款卡(他看见那个包裹时恨不得跳上柜台拥抱邮局职员)。他不是为了证明金钱无用,只是用这种正常人会觉得"无聊"的艰辛旅程来使自己面对所有恐惧。

恐怖角到了,但恐怖角并不恐怖,原来"恐怖角"这个名称,是由一位16世纪的探险家取的,本来叫"Cape Faire",被讹写为"Cape Fear",只是一个失误。

迈克·英泰尔终于明白:"这名字的不当,就像我自己的恐惧一样。我现在明白自己一直害怕做错事,我最大的耻辱不是恐惧死亡,而是恐惧生命。"

花了六个星期的时间,到了一个和自己想象无关的地方,他得到了什么？

得到的不是目的，而是过程。虽然苦、虽然绝不会想要再来一次，但在回忆中是甜美的信心之旅，仿如人生。

也许我们会发现，努力了半天到达的目的地，只是一个"失误"。但只要那是我们自己愿意走的路，就不算白走。

心细如发才能做成他人做不到的事

与胆子大相对应，心思细密也是成事的必备要素。

我们都知道唐朝大诗人杜牧，他在31岁时供职于淮南节度使牛僧孺的幕下，担任掌书记一职。节度使是一个大区的最高军事、行政长官，又称藩镇，掌书记相当于秘书长，其地位相当重要，公务自然也十分繁忙。

扬州地处运河与长江交汇之处，水陆交通十分发达，国内外商贾云集，百货充斥，人口众多，市井纵横，是唐代第一繁华的商业大都市，也是追逐声色的佳地。每到夜晚，长街闹市，大道通衢，红灯星列，艳帜高扬，酒肆人进人出，歌楼声起舞落，恍若人间仙境。杜牧是个文人，在公务之外，唯以饮宴游乐为好，每晚换了便服，出入于歌楼舞榭，殆无虚日。好在唐代社会风气开放，谁也不怎么计较这些小节。尤其难得的是，杜牧的顶头上司牛僧孺，十分照顾这个才华横溢的下级，担心他

第五章 做人胆大 做事心细
——大小融合收获圆通和变通的丰硕成果

在那种五方杂处、人员混杂的地方，个人安全方面会发生点什么意外，便派了30名士卒，也身着便服，跟随杜牧，暗中保护他，而杜牧自始至终都不知道这件事，还以为他的事无人知晓。几年以后，他调往长安出任监察御史，牛僧孺为他饯行，席上，牛僧孺告诫说："足下气概豪迈，前程自然十分远大，我只担心你在感情方面不够节制，可能会影响你身体的健康。"杜牧回答说："我生活十分检点，不至于让大人多虑。"牛僧孺笑了笑，也不说什么，立即让侍女取出一个小书匣，当面打开，里面全是巡逻街道士卒的密报，有上百份，记的都是："某晚，杜书记至某家，无恙。""某晚，杜书记至某家赴宴。"杜牧不禁大为惭愧，对牛僧孺感激不已。

但是如果因此将杜牧仅仅看成是一个不知检点的无行文人，就大错特错了。他出身于名门望族，他的远祖杜预，是西晋著名的政治家、军事家，又是研究《左传》的专家，人称"杜武库"；其祖父杜佑，官至宰相，不仅政绩卓异，在学术上也卓有建树，他所撰写的《通典》，是中国典章制度史的名著，为后世治史者所必读。杜牧继承了家族的传统，他自幼关心国家大事，好言兵法。他生活在一个多难的时代，帝王软弱，大臣纷争，宦官专权，藩镇跋扈。他每每对国事痛心疾首，就在他在扬州追逐风月的同时，他还写了一篇论藩镇的危害及应对之策的政论文《罪言》，他在文章的开头便说："国家大事，牧不当官，言之实有罪，故作《罪言》。"他对时局的分析，鞭辟入里，当时人们就认为他有"王佐之才"。虽然由于主客观种种条件的限制，杜牧在政治上没有更大的作为，但他在文学上的贡献却是不可磨灭的。如果当时牛僧孺因杜牧的不检点而对他痛加抑制，也许，我们今天就不会有这位可爱的诗人了。

做人圆通　做事变通

其实，这里最难得的还是牛僧孺关心杜牧的那一份细心，有这份细心才有照顾的悉心，才让一位旷世诗才在无微不至的关照中发出异彩。就牛僧孺个人来说，也正是这份细心成就了他爱才、护才的美名。可以说，没有胆大的素质，牛氏不可能成为一方统帅，而没有心细的素质，他也不可能在环境复杂的"领导岗位"上有所建树。

在世界上，让人满意可以说是一件最难的事。中国的父母，那么全心全意地为自己的孩子服务，又有多少孩子为此而感到满意呢？因此，把服务搞好，不但工夫要下到"家"，而且要下到一些细微处。

沃尔玛的创始人山姆·沃尔顿在这方面称得上是一个典范人物。

沃尔玛的基本经营思想只有两句话："低价销售、保证满意"。

山姆·沃尔顿说，他在第一家沃尔玛商店标牌上写下的"保证满意"，是"一个最重要的词"，"它们造就了所有的这一切变化"。

"保证满意"包括"低价销售"等很多内容，其中有两个有趣但也值得人们认真思考的细节。

一个细节是：山姆教导员工说："当顾客走到距离你 3 米的范围内时，你要温和地看着顾客的眼睛，鼓励他向你咨询和求助。"

这一条被概括为"3 米态度"，成为沃尔玛的员工准则。

另一个细节也是山姆的一句名言："请对顾客露出你的八颗牙。"在山姆看来，只有微笑到露出八颗牙的程度，才称得上是合格的"微笑服务"。

这两个细节显然是山姆经过反复试验后总结出来的经验，他们，特别是露出八颗牙，不一定适合于每个地区和每一个人，但这种认真的态度和讲究准确性的科学精神则是具有普遍意义的。

正是由于沃尔玛的创始人对服务质量如此重视，不忽略小节，注重细微之处，才使沃尔玛建立了一系列很有影响的企业文化。

做任何事情时如果都能发挥"八颗牙微笑"似的细心精神，还有什么做不好的呢？

要细心地关注他人的意图

很多人的成功是由在细微处下功夫得到的。在表述你的意见或计划前，或是趁对方没有说出之前，或是在对方尚未自觉感到需要之前，就预先设法迎合他，设身处地去预测别人的情况，然后想出满足他们的好方法。这是做事的至妙一招。

约翰·华纳23岁时，在费城第六街与菜市街交接处开了一家商店，这是他有生以来开的第一家店。大家都认为在几个月之内，这家店一定会破产倒闭的。

他从14岁给别人送报起，就开始积攒钱财。但他的积蓄只够他和他的合伙人购办店内摆设的商品。所以，在一般人看来，约翰·华纳的资金实在是有点少，更值得一提的是，当时正赶上国家经济萧条又面临内乱。

然而，不可思议的是，他竟取得了巨大的成就。现在，我们都知道华纳已成为美国著名商人之一。那么，他究竟有什么过人之处，在大家

做人圆通　做事变通

普遍不看好的经济低谷中，能取得惊人的成就呢？

据说，开业之初，他就抛弃了过去那种不足为奇的商业手段，而运用了一种使人备感新颖的商业方法。之后，他发明了一种又一种全新的商业方案，几乎每次革新都受到攻击，然而，他最终引领了当时的整个营业制度。

其实，他的方法很简单：他只是一直尽力从细节处去寻找使顾客满意的新方法。他永远地怀有一种心思，那就是不断地研究顾客们的心理。

研究顾客心理，这是华纳成功经营的策略。即使到如今，他的铺子已扩展到像一座百货迷宫了，我们仍旧可以发现：他每天总要抽出一段时间在自己的百货商店里巡视一番，他甚至还亲自去接待一些顾客，整理一些货物，倾听人们对他的商店的意见和建议。和约翰·华纳一样，地产富豪查尔斯·巴诺也费尽心思去揣测别人的需要。

纽约的巴诺博士和他的兄弟最初只有不到4000美元的资本，但经过一番拼搏之后，他终于成了地产巨商。他成功的秘密可以说大部分都要归功于他不厌其烦地听取人们对于厅堂、门窗及房屋朝向等琐碎问题的意见，正是在这些意见的启发之下，他对旧式套间狭长的客厅和暗淡的起居室进行改造，设计并构建了一座美观、实用的现代公寓。现代公寓不仅设备先进齐全，而且居住起来十分舒服方便。他终于建成一所打破一切华丽与昂贵纪录的大公寓，就是纽约著名的派克路270号的那座房子。巴诺自然也从该项目中收益颇多。

从那一次冒险开始，巴诺博士就想出了一个策略：他自己去租住自己的公寓，以便由此了解顾客们的真正需要。他也像华纳一样，首先去研究顾客的需要。这样，他就能够处处赶在他的顾客前头——在他们感觉到有什么需要之前,他就已经把方便提供给他们了。

有了这份细心,有了这种对他人意图的倾心关注,怎么可能不被顾客所接受呢?

当爱德华·伊文思在36岁那年完全失败了之后,他不仅倾家荡产,还负了1.6万美元的债务。但随后他却很快去找了一个推销员的职业,每天只拿几美元的薪水。后来在几个月之内,他就奠定了一个6000万美元的汽车工业的营业基础,很快地变成了一个名副其实的大资本家。当时,他所负责销售的货物是一种运载汽车用的木板。在做了一段时间的推销员之后,他积攒了一些资金。不久,他就决定用他的这些资金做本钱创业,于是便去研究别人究竟需要些什么。

他高兴地发现:汽车制造商似乎真的需要这种木板,但是他们关于运载汽车的整个问题究竟是怎样解决的?他们究竟需要些什么尚未发明出来的更实用的东西呢?

于是伊文思去租赁了几辆卡车,买了几辆旧汽车和一些运载设备所需零件的样品,还有各种不同的木材样品,然后他借来了许多器械。以后的好几个星期里,他整日忙个不停,装了又拆,拆了又装,开着破旧的汽车一遍又一遍地做实验,在路上压出了数不清的胎迹,甚至一再发生撞车事故。

最后,试验终于成功了。他不但发明了一种较好的木板,而且发明了一种使汽车能更安全、更廉价、更快捷地装载货物的方法。

此后,伊文思就常常对他的顾客说:"我还有一些比木板更好的东西想卖给你。"

现在,他是伊文思自动运载公司的总经理了。他的公司专门将运载设备卖给国内许多大汽车制造厂。

从中,我们可以看出伊文思的聪明之处,在于他并不只是把别人曾经需要的东西提供给他们,他还要为人们发明创造出一种新的需要来。

被誉为"东方最伟大的人寿保险专家之一"的吉尔·布莱克曾受那些小政客的启发而留心运用于自己的保险事业。他发现这种人常常热衷于提出反对意见,虽然这未必会有什么好处,他们还是喜欢屡屡发问,因此他就注意到他在顾客们那里碰到的潜在的习惯性的反对意见了。他说:"大人物很少发问,但这并不是说他没有疑问,事实上,他的问题与平常人一样多,只不过他把这种意见隐藏在心里罢了。所以,虽然他并不发问,但我们得设法使他满意才行。"

所以,无论别人是否表示他的反对意见,倘若我们不关心他的感受,我们就很容易失败。如果有可能的话,我们应当尽量预先料想到这种潜在的反对或不满,而想好对付的措施,这能为我们成功做事打下良好的基础。

一个曾经在一家普通的铁路商店里打工,一小时才挣几美分的伙计,后来竟一跃成为美国最大的汽车制造商之一的克莱斯勒,可谓创造了汽车史上的奇迹。

他究竟使用了什么方法,使得他的汽车一下子就博得美国那么多人的喜欢,以至于在全国畅销起来呢?

他曾经讲述过自己的一个简单的方法,这是任何一个管理者都能用得着的妙计。他说:"像我们这种完全依靠客户的满意度来发展自己事业的人,不妨把所有的客户都设想象成一个人,从各方面来研究他的需要,这无疑是一个最好的方法。如果某一个人和他对我们的看法、观点

第五章 做人胆大 做事心细
——大小融合收获圆通和变通的丰硕成果

与我们的永久利益有着密切的关系，那么，在赢得这个客户的满意上采取严肃的态度是很重要的。"

"把整个的营业对象设想为一个人，这一点没有什么夸张的意味。这在相当长的时期内可能决定着你的整个事业的命运。"

"严格地说，这不是事关一个人满意与否的问题，而是与你的所有客户都密切相关的问题。"

从他自身的讲述中，我们可以知道，克莱斯勒的成功在于他深谙顾客心理，懂得怎样研究他的客户的兴趣和需求。

他挑选一个典型的顾客做对象，然后，就以他的观点、虚荣心、道德意识、习惯去设计所需的汽车，并去校正自己的工作和推销政策。

"商业界充满了许多看起来似乎很有才干的年轻人，他们辛勤地工作着。他们热爱自己的事业，为公司的发展热心地尽着力。他们的勤奋和忠诚使得他们做了主管或领班。但是，他们的前程却似乎永远停止于此了。为什么呢？我相信，最根本的原因就是，他们对于许多问题，总是按照他们自己所熟悉的那一小部分业务的运营思路去解决，而不是从整个公司的经营理念及老板的立场出发去解决。他们从来不会替坐在宽大的写字台背后的老板设想一下：'他心里想怎样做呢？他是怎样看待这个人的？如果我处在他的位置上，我应当怎样去处理这件事情？'"

从前做过报童，而后来成了美国国际公会会长的马修·布拉什也曾说过："在我所曾从事过的许多职业中，使我受益最大的一件事就是，我学会了依照着我的上司的办事习惯去做事。我想在每一件事情、每一个动作上，尽量做得比他要求我的更好。我常常比他更早来到办公室，把他的写字台准备好，为他当天的一切计划作好准备。所以，如果你也想取得事业的成功，就得学会机敏地做事。每走进一次办公室，你的思想最好比你的上司更超前一些，预测到他以后的意图将是怎样的，从而采取必要的行动来表示你头脑的聪慧和办事的机敏。"

然而，在请求升迁这类最要紧事项的时刻，有许多人仍还不注意，或者完全忽略了他们老板的想法和观点。

布拉什又说："你也许会说'我在这里干了好几年了，我想我一定能胜任那份更好的工作'或者就是'我家里添了人口，我希望能增加一点生活费'又比如'我给老板每星期加了那么多班，我就不明白为什么不给我加薪呢？'"

"这些话也许能打动老板的同情心，然而，这并不能说明你在工作上有多能干，更不能说明你理应因此拿到更多的薪水，并享受更高的职位。"

对于那些常常能够领会老板意图的人，当他们在要求晋升以前，早就能找到许多可以满足他们愿望的机会了。

一个做事细心的人，是不用刻意为自己谋求好处的，因为好处往往不待他自己发言，就会主动跑过去找他。

查尔斯·施瓦布曾指出许多领袖人物早年在职业生涯中所运用的策略：在办事的时候，永远把工作当成自己的分内事。

如果现在的你正面临找工作的情形，这个策略也是适用的。可是多数人却仍旧忽略了这非常重要的一点。一个曾经收到过50万封求职信的实业家摩根对这个策略的印象是颇为深刻的。

他说："差不多每一个失业者所常犯的过错就是不用脑子想问题。差不多可以说一切的人——无论是工程师、普通人还是大学教授、专栏作家——他们很少能从老板的角度出发来考虑问题，而这往往就是他们求职失败的致命根源。"

你要记住，驾驭别人的策略就在于：留心他人意图。

对待小事的态度也要认真

最伟大的生命往往是由最细小的事物点点滴滴会聚而成的。生活的溪流往往是由琐碎的事情、无足轻重的事件以及不留一丝痕迹的细微经验汇集而成的，正是它们构成了生命的全部内涵。所以，对待小事的态度也要认真。

一家书店的记账员因为书店的账目不清，连续三个星期夜以继日地查账，最后也没发现错在哪里。账面上明明有900元的亏空，却怎么也查不出来。他一遍又一遍地核对每一笔交易的收入和支出情况，一遍又一遍地把账目核对后再累计起来，人都要疯了，还是查不出到底错在哪里。

书店的经理单独找他谈话的时候，他已经筋疲力尽，几乎要崩溃了。经理和他重新翻开账本，从头到尾又核对了一遍，但是900元账目的亏空还是查不出来。

他把当班的营业主管叫来，大家再次核对这亏空900元的账目。这一次，没费多大工夫，他们就查清楚了。

做人圆通　做事变通

"看，是这儿，这里应该是 1000 元，"营业主管说，"但是，它怎么被记成 1900 元了呢？"

经过仔细地检查发现，账本上粘着一条苍蝇腿，它正好粘在 1000 元数额上第一个零的右下角，于是 1000 就变成 1900 了。

无论你在大城市还是小城镇里做事，你都应该把物资管理得井井有条，把账目记得清清楚楚，否则你会像那位书店的记账员一样尝到苦头。

很多商家习惯于把货物堆得乱七八糟，根本谈不上良好的管理，到需要东西时，便翻来覆去耽误半天时间才能找到或者是还没摸到头绪，这种恶习不但会耽搁顾客的时间，而且会浪费公司效益。

很多年轻人也一样，不认真做事，马马虎虎，搪塞了事，敷衍了事，不知正确无误、整洁有序为何物。

有些人脱下衣服、解下领带，随手一扔。正在做事时，如果不得不离开一会儿，就不管事情已经做到哪里，立刻扔下。这种年轻人一旦跨入社会，工作起来一定会把自己的四周弄成一团乱麻，做事时也一定会抱着一种敷衍草率的态度。

如果你多一分认真，做任何事情都求一个结果，任何东西都收拾好，以后要做时再把它们找出来，不知道要节省多少时间和精力，避免多少无意义的麻烦和苦恼。

有些人失败以后常常找不出其中的原因，其实，他面前的那张写字台已经把其中的原委老老实实说出来了：桌面上到处是乱纸和信封，抽屉里塞满了各种物品，报架上报纸、文件、信纸、便条和稿件堆得混乱不堪，毫无条理。

信上要贴足邮票，这件小事大家都知道。一位在百老汇一家著名公司打杂的年轻人，给一封装着案件起诉状和传票的信贴了两美分邮票，把它寄出去了。但是他少贴了两美分邮票。于是被告律师向法庭提出新的要求，理由是起诉书和传票没有及时到达，原告律师发现自己的处境十分被动。这一切的起因只不过是一个跑腿打杂的年轻人忽略了"两美分"。

这就是不认真对待小事惹出来的麻烦，够受罪吧？

其实行动、谈吐、态度、举止、眼神、服饰、装束……也会毫不客气地揭露我们是什么样的人。

事无巨细都应竭尽全力，尽善尽美，做不到，不如不做。如果一个人能够从小养成这样的习惯，一生一定可以过得充实、愉快、无忧无虑。要想过一种满意、充实的生活，只要做事精益求精、力求完美就可以了。当一个人总是完美地处理事务、从不拖泥带水时，心里快乐的程度自然溢于言表。而那些做事总是马马虎虎、敷衍了事的人不但对不起事情，也有愧于自己。

以足够的胆量坚持自己的意见

说到胆量，人们很自然地想到只手敢敌四拳的好汉，想到旷野中敢于独行的侠客，其实，另一种胆量更为可贵，那就是在一片反对声中坚持自己的正确意见。

做人圆通　做事变通

现代社会讲民主，因此，少数服从多数成了理所当然的事。如果这个多数是由知识水准很高的人组成的，当然没有问题。但是，如果这个"少数"是权势人物，那多数人的意见会生效吗？如果这个"多数"的组成分子都是些没知识的（我们这里所说的"知识"，不仅仅指文化知识），那多数人的意见会是正确的吗？

重要的是对正义与真理的判断，哪边有正义，哪边有真理，哪边就是对的。

假如对方是一位权势人物或邪恶人物，他的行为已经不是什么缺点和过失，而是害国蠹民的罪恶，你不可能当面给他指出，否则你会因此而遭到打击和陷害，而你又不能容忍这种人继续为非作歹，怎么办呢？无计可施，万般无奈，写匿名信，打举报电话未尝不是一种斗争的手段。如果在这种情况下你还坚持着"口不言人过"的做法，只会让奸佞小人高兴，因为他们的奸行便可以被掩盖，罪恶得以继续进行，你没有得罪人，而受害的是国家和百姓。这种人能算是君子吗？不，他们只不过是老好人，甚至是胆小鬼。西方一位哲人认为，邪恶之所以畅通无阻，正是因为正义的无所作为。而奸邪对正人君子可从来都是鸡蛋里挑骨头的。

假如有些心怀叵测的人很会蒙骗群众，以"多数"做后盾而提出无理要求，这样的"多数"就无须服从。在这种情况下，你可能会显得孤立，但这并不可怕，这种孤立必定是暂时的。

某厂有个工人盗取了厂里的木材，数量虽然不是很大，但性质肯定是偷盗。因为这人是木工，平时上上下下找他敲敲打打的人很多，都与他有点交情，于是，便都出来求情，只有厂长坚持要依法处理。

第五章 做人胆大　做事心细
——大小融合收获圆通和变通的丰硕成果

有人就说:"少数服从多数嘛。"厂长理直气壮地说:"厂规是厂里最大多数的人通过的,要服从,就服从这个多数。"

一时间,厂长似乎有点孤立,但时间一长,理解和赞同他的人便越来越多,而偷盗厂内财物的情况从此也大为减少了。

有的人认为,只有照多数人的意见办事才不会把事情闹大,才能和平地收拾局面。其实不然,不讲原则,迁就多数,势必后患无穷。

像我们刚才所说的那件事,如果厂长听了大多数人的意见,不加处理,或轻加处理,不仅厂里的偷盗之风会越来越烈,厂规厂纪也将成为一纸空文。届时,厂长威信扫地,这才是真正的孤立呢。

处理问题是如此,实施新规定也是如此。

新的意见和想法一经提出,必定会有反对者。其中有对新意见不甚了解的人,也有为反对而反对的人。一片反对声中,你犹如鹤立鸡群。这种时候,也要学会不怕孤立。

对于不了解的人,要怀着热忱,耐心地向他说明道理,使反对者变成赞成者。对于为反对而反对的人,任你怎么说,恐怕他也是不想接受的,那么就干脆不要寄希望于他的赞同。

真理在握,反对者越多,自信心就要越强,就要越发坚定地为贯彻目标而努力。

有家商店,店面虽然不大,地理位置却相当好,但由于经营不善,连年亏损。新经理一上任,便决意整顿。

他制定了一系列规章制度,这一来就结束了营业员们逍遥自在的日子,因此遭到一片反对之声,新经理被孤立了。但他坚持原则,说到做到。

做人圆通　做事变通

　　不到两年，小店转亏为盈。当年终发奖金的时候，一个平时最爱在店堂里打毛线，因此反对新规定也最坚决的女士说："嗯，还是这样好。过去的奖金，顶多打件毛衣，现在这些奖金足可以买几件羊毛衫了。"

　　新经理不怕孤立，最后并没有孤立。假如他当时不搞改革，弄到工资也发不出的地步，他还能不孤立吗？

　　坚持正义往往是勇敢者的行为，真理往往是掌握在少数人手中，敢于坚持正义与真理，无形中就树立了威信。胆大自有胆大的回报，因为有时这是做人与做事必不可少的。

该出手时就出手

　　《水浒传》中的英雄豪杰似乎身上都有这样一个特点：路见不平，拔刀相助。该出手时就出手，这没有足够的胆量与气魄是做不到的。有些人有一个习惯性的思维误区，认为胆大的人必是膀大腰圆、外表粗犷的男子汉。其实不然，胆量是勇气、心态和智慧的综合体现，所以，哪怕外表纤弱的女子，也并不缺乏胆略，在某些特定情况下女子可能比男子汉表现得更有胆略。

　　我们来看看一位有智有谋的妇人的例子：

　　唐朝末年，黄巢起义声势浩大，不久便攻入长安，唐朝政权岌岌可危。沙陀部队李克用因一目失明，时人称为"独眼龙"。其与其父朱邪

第五章 做人胆大 做事心细
——大小融合收获圆通和变通的丰硕成果

赤心（因他镇压起义有功，被赐姓李，名国昌）一起，参与镇压黄巢起义。公元884年，他引军渡河，大败黄巢军于中牟（今河南中牟），使起义军从此一蹶不振。后来便长期割据河东，与占据汴州（今河南省开封市）的朱全忠对峙，连年战争。死后，其子李存勖建后唐，尊其为太祖。李克用的夫人刘氏，是一位有勇有谋的巾帼英雄，可以说，李克用的成功，得力于其夫人刘氏的帮助。

李克用奉命带兵讨伐叛逆者，以救东路诸侯。正当李克用整装待发之时，朱全忠与杨彦洪共同谋变，倒戈攻击李克用。李克用措手不及，没与之硬战，便仓皇逃去，心里好不愤怒，气得发狂。朱全忠很狡诈（后梁的创立者），眼看李克用逃走，谋杀不成，便灵机一动，将杨彦洪射杀，掩人耳目，隐藏自己叛变的真面目。但李克用并没有改变看法，他边逃跑边咒骂朱全忠，发誓要亲杀朱全忠。

李克用部下有人逃回，禀报李克用妻子刘氏。刘氏听了很是震惊，但她表面上却很镇定，神色不动，若无其事，并下令将那报告朱全忠叛变的人立即斩杀。她想，让更多的人知道此事，府内肯定乱作一团，说不定还会有人响应举兵叛变。那样，情况更糟，局面就没法收拾了。所以，自己不能惊慌，不能失去信心和自制，同时要封锁消息，要保持府中原有的安静，报信的人是信息源，当然应该将他斩杀。不久，李克用怒发冲冠地回来了。夫人仍保持镇静。李克用发誓要集中兵力，讨伐朱全忠，以解心头恨。可是，刘夫人却不同意，她说："你此次带兵伐叛是为国讨贼，以救东路诸侯之急，并不是为了你个人的怨仇。现在，汴州人朱全忠叛变要谋害你，你当然很气愤，我也十分生气。我也觉得他该伐该杀。可是，如果你真的带兵去攻伐他，你的任务就完成不了了，而且也改变了事情的性质，变国家大事为个人怨仇小事。我认为，朱全忠叛变的事，你应该上报朝廷。由朝廷兴兵讨伐他。岂不是更好？"李克用听了夫人这番话，茅塞顿开，怒火顿消，便听从了夫人的意见，不再结兵攻打朱全忠了。但他还是给朱全忠写了封信，责备他谋变不道。可朱全忠却回信说："前夕之变，我并不知道，朝廷曾派使者来与杨彦洪共同谋事，必是他图谋不轨，发动兵变。现在，杨彦洪已经伏法，死有余辜，请你谅察。"把自己的责任推卸得一干二净。

刘氏对这件事的处理很有分寸，有节有理，以大局为重，该出手时就出手，果断应变，沉着不慌，可谓胆大心细、理性做事的典范。一个成功的男人背后肯定有位精明的女人，倘若李克用不听夫人的话，或者刘氏有勇无谋，无谋而乱，其结果如何，谁胜谁负，谁是谁非那真的挺难说了。

该出手时就出手，该出左手时就不要出右手，没有这份胆略和智慧，是干不成大事的。

敢异想则天开

"陛下，请给我一条纵帆船出海一战吧，让我把敌人打得灵魂出窍。"1916年，德国鲁克内尔少校对威廉二世如是说。

此话一出，所有人都很惊诧不已。

第五章 做人胆大 做事心细
——大小融合收获圆通和变通的丰硕成果

假如这是在中世纪,这样敢于挑战大不列颠的军官固然有些鲁莽,但至少会获得勇敢刚毅的美名。但时光已经到了20世纪,这个时候,帆船早已成为一种古董,已经不可能作为战船来使用了。

鲁克内尔从小就是个富于反叛精神的人。他胆大心细,善于别出心裁,想别人不敢想,做别人不敢做的事情。

幸运的是威廉二世却认真地听取了这位少校的"疯话"。

鲁克内尔向威廉二世解释道:"我们海军的头儿们认为我是在发疯,既然我们自己人都认为这样的计划是天方夜谭,那么,敌人一定想不到我们会这样干的,那么,我认为我可以成功地用古老的帆船给他们一个教训。"

这段话充分体现了鲁克内尔独特的思维,如果他是一个受过正统军事教育的军官,相比他是很难想出这样的主意的。"老粗"的个性充分凸显,这样的奇思妙想让他与众不同。正因为这样冒险的想法才成就了他的一次辉煌,成就了人生的一次飞跃。

威廉二世被说动了,他同意了鲁克内尔的计划,用一条帆船去袭击敌人的海上航线。

鲁克内尔经过千辛万苦终于找到一条被废弃的老船,取名"海鹰号"。在他亲自设计监督下,这艘船开始古怪的改造工程。

12月24日,圣诞前夜,海鹰号出击了,顺利突破敌国海上封锁线,抵达冰岛水域,大西洋航线已经在望。

正在高兴地时候,海鹰号和敌国的复仇号狭路相逢。

海鹰号的火力只有两门107毫米炮,而复仇号却是一艘大型军舰,硬拼显然不是对手。鲁克内尔灵机一动,主动迎上去让他们检查,敌国的检查员见是一条帆船，看也不看，放过了这艘暗藏杀机的帆船。

1月9日，到达敌国海域后，在鲁克内尔的指挥下，海鹰号突然发起进攻战，全歼敌国船只，获得了巨大的胜利。

鲁克内尔的这种不切实际的想法为他赢得了成功。正因为这种不切实际的做法让敌人处于轻敌的状态，而海鹰号则轻而易举地攻入敌方的心脏，从而获得战争的胜利，给国家带来了荣誉。对鲁克内尔而言，不切实际的想法实际就是一种可以打敌方一个措手不及的想法，是一种建立在充分了解敌方的基础之上的一种"不切实际"，不是那种通常所说的"瞎想"、"胡想"。

战场上需要老粗们有敢想的胆识，对竞争激烈的商场来说更需要具备这种的品质，从而在商战中胜人一筹。李书福的发迹史就很好地诠释了这一说法。他的突发奇想就创造了世界上的第一辆踏板式摩托车。

曾有人说过，如果没有像吉利创始人李书福和他领导下的"吉利人"那样的一大批中国汽车人，那么对于中国的普通家庭而言，汽车消费也许会推迟十多年。而之所以能站在中国汽车领域的领军地位，创始人李书福的突发奇想起了决定性的作用，正为他的这种超乎常人的老粗式的想法，使得世界上的第一辆踏板式摩托车得以诞生，开启了摩托车行业的新纪元。

1993年，李书福去某大型国有摩托车企业参观考察，看见摩托车产销两旺的势头，他紧抓机会，向该企业老总提出为他们做车轮钢圈配件。

对方一听，微笑着说："这种高技术含量的配件哪是你们民营厂所

第五章 做人胆大 做事心细
——大小融合收获圆通和变通的丰硕成果

能完成的，你还是该干什么还干什么去吧！"

不信邪的李书福憋着一肚子气回到公司，大胆提出要自己制造摩托车整车。结果，周围反对声一片，就连他的亲兄弟都笑他自不量力："真出车祸死了人，有你好看的。弄不好千年砍柴一夜烧。"

面对反对，李书福没有放弃这种大胆的想法。

终于，皇天不负有心人。李书福仅用了7个月的时间，就研制出了中国同行一直没能解决的摩托车覆盖件模具，并率先研制成功四冲程踏板式发动机。接着又与行业老大嘉陵强强联合，生产出了"嘉吉"牌摩托车。不到一年的时间，又开发出中国第一辆豪华型踏板式摩托车，很快便取代了日本和中国台湾的同类摩托车的地位。这种新型摩托车不仅一直占据国内踏板车销量龙头地位，还出口美国、意大利等32个国家和地区。1999年，吉利摩托车产销43万辆，实现产值15亿元，吉利集团也因此赢得了"踏板摩托车王国"的美誉。

李书福敢想敢做的创业路子使他取得了巨大的成功，从市场上得到了丰厚的回报。他的胆识再次被历史认同。

"鲁克内尔"、"李书福"等人之所以会成功，在于他们想常人不敢想，从而开辟了一条通往成功的康庄大道。拉开历史的帷幕，我们就会发现，凡是世界上有重大建树的人，在其攀登成功高峰的征途中，都会灵活地进行思考，并能够熟练应用起这种不切实际的想法，成就伟业。

做人圆通　做事变通

有意识地消除恐惧、紧张的心理

在走向目标的征途中，恐惧和大胆就像耸立在你面前的两个大路标，一个指向成功的反向，一个指向成功的正向。

恐惧会勾起你许许多多不愉快的回忆，使你想起失败、痛苦和沮丧。它还不停地暗示你——"这次是不是又会重复那些不幸？"

而大胆的愿望让你回想成功时的喜悦，鼓舞你"再来一次"的欲望，激起你进行大胆尝试的热情。

两个人做同样的馅饼，用的是同样的原料，参照的是同一食品生产说明书，一个人失败了，而另一人却成功了。这是为什么呢？那个失败的厨师开始做馅饼时，神情紧张。她知道以前做馅饼没有成功，担心这次结果将同样会失败，他脑子里没有一幅令人垂涎欲滴的金黄色表皮，肉馅美味可口的馅饼的心理图像，他不安、紧张，甚至有点恐惧，不知不觉地将不安的暗示融进了馅饼的制作过程。第二个人则认为他做的馅饼将是最好的，效果确实如此。他的形象化的愿望使她成功了。

著名心理学家丹尼斯·维特莱认为，所谓大胆的愿望实际上是连接你到达目标的感情上的纽带。换言之，愿望是你前进的正向磁引力，而恐惧所带来的，则是负向的磁引力。它导致精神压抑、不安、疾病、敌意甚至精神失常和死亡。

一个想获得成功的人必须跳出恐惧的地牢，而不能陷在"我不行"、"我不能"等否定型暗示的阴影之中。

俄国有这样一个故事：

第五章 做人胆大 做事心细
——大小融合收获圆通和变通的丰硕成果

玛莎被狠心的继母赶出家门，叫她为继母的亲生女儿采鲜花过生日。

寒冷的 12 月，大雪纷飞，冰冻三尺、哪里会有鲜花？

但玛莎并没有灰心地冻死在门外，她一边哭着一边走向森林。

她遇到了代表 12 个月份的 12 个神仙，他们能变换季节，玛莎终于采到了鲜花。

这是童话，但不一定离现实太远。有句话说"掬水月在手"。

天上的月亮太高，凡尘的力量难以达及，但是开启智慧，掬一捧水，月亮美丽的脸就含笑在掌心。

关键是当你处在生命的极点，从客观上讲，已完全不可能的情况下，主观能否一搏，能否那么垂死挣扎一下？

遗憾的是，很多时候，我们的精神先于我们的身躯垮下去了。有一个古代的寓言：

一个人经过两山对峙间的木桥，突然，桥断了。奇怪的是，他没有跌下，而是停在半空中，脚下是深渊，是湍急的激流。他抬起头，一架天梯荡在云端，望上去，天梯遥不可及。倘若落在悬崖边，他绝对会乱抓一气的，哪怕抓到一根救命小草。可是这种境地，他彻底绝望了，吓呆了，抱头等死。渐渐地，天梯缩回云中，不见了踪影。云中的声音说，这叫障眼法，其实你踮起脚尖儿就可以够到天梯，是你自己放弃了求生的欲望，那么只好下地狱了。

大胆踮起脚尖儿，就是另一个生命，另一种活法，另一番境界。这是一种极强的生活责任心鼓起的勇气，它不仅包藏着求生的欲望，还体现着探索精神，不屈服的意志，以及不达目的誓不罢休的豪气。

人生可能不会总碰到大事、要事，但即使是日常工作、生活中的平常事，如果总是心怀疑惧、不敢越雷池半步，又怎么能突破人生的瓶颈而有所成就呢？

在胆大心细中寻求做人做事的突破

平凡是人生的常态，但平庸的人在做人、做事方面肯定存在一定的缺陷。如果仔细检视一下，就会发现胆大与心细是人们最需要补足的功课。

恐惧是所有情绪中最令人精神涣散的，它使人肌肉僵硬，意志消沉。另一方面，每当陷入困境时，为一丝勇气所驱使，为急于摆脱被动局面的情绪所驱使，我们总是能竭尽全力，扭转局面。巴什金的《战胜恐惧》一书中写道："大胆些，强大力量会帮你。"

大胆些——这并不是劝你毫不在乎或有勇无谋。大胆意味着慎重的决定，每时每刻将自己所能完成的目标定得远些。

所谓强大力量也并没有什么神奇之处，它正是我们自身所具有的潜力：精力、技能、正确的判断、创造性的构想，就是体力和耐力也远远超出人们自身所能认识的程度。

简而言之，大胆些可以使肌体做出应急反应。曾听一位著名登山运动员说过，一个登山者有时会使自己陷入欲下不能的境地，这样一来他

第五章 做人胆大 做事心细
——大小融合收获圆通和变通的丰硕成果

只能向上攀登。他补充说，有时他就特意地让自己陷入这样的境地，当除了向上别无他路时，你会爬得更起劲。

显然，那些特殊的强大力量是精神力量，它们比体力更为重要。杀死菲利士巨人的是一颗飞石的离心力，但首先使大卫面对巨人的则是勇气。

最令人好奇的是，精神力量在物质世界里也常有其相应的位置。有这样一位橄榄球好手，虽然他的体重远低于其他运动员的体重，但他还是以其凶猛的封杀而闻名。有人对他的大胆表示不可思议，他说："哦，这得追溯到我孩提时代的一个细心的发现。在一次橄榄球比赛中，我面对对方后卫，他看起来是如此庞大！我吓得闭上眼睛，就像一颗匆忙射出的子弹那样，把自己用力地掷向了他，而且真的阻挡了他！就在这时，我开始懂得：你封杀的一名选手越凶，你似乎就越不会受伤。道理很简单，动量等于质量乘以速度，因此，如果你足够大胆，勇于冲撞，那么即使运动定理也会来帮你忙的。"

这种无所畏惧，力达自身最高境界的品质，不是一夜之间可以造就的，细心和信心是日积月累的。当然，在开拓人生的每一过程中，都将有挫折与失望相伴随，光凭勇气也并不能完全确保成功，但尽力而为后，失败了的人总比那些不去努力坐等成功的人要好得多。

大胆和心细往往正是做事情所需的不可或缺的优秀品质。

有位医学院的教授，在上课的第一天对他的学生说："当医生，最要紧的就是胆大心细！"说完，便将一只手指伸进桌子上一只盛满尿液的杯子里，接着再把手指放进自己的嘴中，随后教授将那只杯子递给学生，让这些学生学着他的样子做。

做人圆通　做事变通

　　看着每个学生都把手指探入杯中，然后再塞进嘴里，忍着呕吐的狼狈样子，他微微笑了笑说："不错，不错，你们每个人都够胆大的。"但紧接着教授又难过起来："只可惜你们看得不够心细，没有注意到我探入尿液的是食指，放进嘴里的却是中指啊！"

　　教授这样做的本意，是教育学生在科研与工作中都要胆大心细，即睁大眼睛看问题，可惜的是学生们并没有注意到教授的转变细节，结果都"大上其当"。相信尝过尿液的学生应该能够终生记住这次"教训"。

　　注意细节其实是一种真正的精明，这种功夫是靠日积月累培养出来的。谈到日积月累，就不能不涉及习惯，因为人的行为的95%都是受习惯影响的，在习惯中积累工夫，培养素质。养成习惯，习惯成自然。而粗心大意无疑是这种良好素质的大敌，这种"犯晕"偶尔一次也许还可原谅，但倘若也成为一种"习惯"，则会使一个人的素质整体下降，做人也就低了一个档次，成了一个远离精明的"笨人"。

第六章

做人糊涂　做事精明
——内外有别展现圆通和变通的聪明智慧

言辞是我们思想的传输工具，是我们相互交流的手段。因为它的内容涉及思想，所以它必定渗透你做人的痕迹；因为它的作用涉及生存，所以，它必定影响你生活的状况。因此，不要去做那个言辞犀利、把什么事都辩驳得清楚明了的人。言语糊涂一点有时更利于生存。但是，做人可以糊涂一点，做事则不能马虎。只有内外有别，才能展现出圆通和变通的智慧。

秘密，听不得更讲不得

秘密，之所以听不得更讲不得是因为它隐藏着不可公之于众的信息。一旦泄露，后果当然不会是无足轻重的。所以，在秘密面前，揣着明白装糊涂是非常有必要的。如果有可能尽量远离它，就最好是离它越远越好。

比如，在现实生活中，不是所有的悄悄话都能长久悄悄下去。有以下四种话即使"悄悄地"也不能说。

（1）捕风捉影的话不要说

我们说话办事要有真凭实据，如果我们向对方说的悄悄话，如风如影，纯属无稽之谈，那是很危险的，尤其是对一个人的隐私更是不可在私下信口开河，胡编乱造。如你说，某男与某女在街道的树阴下拥抱亲吻。若被听者传出，当事人可能恨你骂你，伺机报复你，甚至当面计较、对抗，要你说出个所以然来，你怎么说呢？把悄悄话再说一遍，请拿出证据来！你当时又没有摄像，又没有录音，怎么能够证明呢？所以，到头来你必定会给自己找麻烦。

（2）违纪泄密的话不要说

小至单位大至一个国家，在一定时期、一定范围内都有秘密，我们

第六章 做人糊涂 做事精明
——内外有别展现圆通和变通的聪明智慧

只能守口如瓶，不可泄露。有的人轻薄，无纪律性，就私下把机密"悄悄"地传出去了，弄得一传十，十传百，家喻户晓，有些心术不正的人如获至宝，拿去作为谋私利的敲门砖，给单位乃至国家造成严重损失。即使诸如涉及人事变动的内部新闻，你也不要去向有关的人说悄悄话，万一中途有变，你如何去安抚别人呢？如果为此而闹出了矛盾谁负责呢？向亲友泄密，不是害人便是害己。你一片热心向他说了悄悄话，他可能认为这是泄露机密，于是，他当面批评、指责你，甚至状告你，你的体面何在？有些人并不喜欢听那些悄悄话，他不领你的情，这就没有意思了。"多情应笑我，早生华发"，还是封锁感情，守口如瓶吧。

（3）披露悄悄话的话也不要说

须知这世上有些人很怪，情投意合时无话不说，无情不表；一旦关系疏淡，稍有薄待，便反目成仇，无情无义，甚至添油加醋，不惜借此陷害，从而达到他不可告人的目的。殊不知，这些抖出悄悄话的人，也要吃亏的。我们知道，悄悄话大多是在两人之间传播，试问，你一个人能够证明我有此一说吗？甚至对方出于愤怒会狠狠还击，跟编小说一样编出你的悄悄话，以十倍于你的兵力将你置于有口难辩的境地，纵然两败俱伤，也没有白白被你出卖。结果如何呢？你本是讨好卖乖，求名逐利，或发泄私愤，算计别人，不巧却被悄悄话所害。

所以，假使你听了悄悄话，也没有必要往外抖，任何人在这个世上都有一片自由的天地，还是讲究信义，以善良为本，何必让人反咬一口呢？

（4）不要与比你强大的人分享秘密

你也许觉得你们可以分桃而食，但实际上你只能分食削下的皮。许

做人圆通　做事变通

多人因为分享了别人的秘密而不得善终。他们就像面包皮做的汤匙，很快就与汤走向了同样的下场。许多人打碎镜子，是因为镜子让他们看到了自己的丑陋。他们不能忍受那些见过他们丑相的人。假如你看到了某人不光彩的一面，他看你的目光绝不会友善。绝不要让人认为他们欠了你什么，尤其是那些有权势的人。与他们交往，应该依赖你给过他们的帮助，而非他们给过你的帮助。朋友间互吐心事是世界上最危险的事情，把自己的秘密讲给他人听的人将自己变成了奴隶，这是为人君主者所无法容忍的暴行，为了找回失去的自由，他们会不惜践踏任何东西，任何公理。

糊涂说话妙处多

糊涂说话就是指对别人的话装做没有听到或没有听清楚，以便避实就虚、不贸然出击地说辩方式。它的特点是：说辩的锋芒主要不在于传递何种信息，而是通过打击、转移对方地说辩兴致使之无法继续设置窘迫局面，而化干戈为玉帛，并能够寓辩于无形，不战而屈人之兵。在人际交往中，这种方式的妙用很多。

（1）挽回"失言"所造成的尴尬局面

"马有失蹄，人有失言"，偶尔失言在语言交际中难免发生，但失言往往是许多矛盾发生和激化的根源。因此，挽回失言造成的不良后果，

第六章 做人糊涂 做事精明
——内外有别展现圆通和变通的聪明智慧

在语言交际中是很有必要的。

例如：实习期间，一位实习教师在黑板上刚写了几个字，学生中突然有人叫起来："新老师的字比我们李老师的字好看！"

真是语惊四座，稚嫩的学生哪能想到：此时后座的班主任李老师是怎样的尴尬！对这位实习教师来说，初上岗位，就碰到这般让人难堪的场面，的确使人头疼，以后怎样同这位班主任相处？转过身来谦虚几句，行吗？不行！这位实习教师灵机一动，装作没有听到，继续写了几个字，头也不回地说："不安安静静地看课文，是谁在下边大声喧哗！"

此语一出，使后座的李老师紧张尴尬的神情，顿时轻松多了，尴尬局面也随之消除。

这里就是巧妙地运用装不知道，避实就虚，即避开"称赞"这一实体，装作没有听清楚，而攻击"喧闹"这一虚像。既巧妙地告诉那位班主任"我"根本没有听到，又打击了那位学生的称赞兴致，避免了他误认为老师没有听见，再称赞几句从而再次造成尴尬局面。

（2）对付别人的诡辩

"事实胜于雄辩"，掌握充分的事实依据是战胜对手的有力法宝。但是令人遗憾的是，在许多情况下，面对巧舌如簧的人，总是让人难堪至极——明知对方是谬论，却又无法还击。

两位青年农民有一次去给玉米施肥时，因猪粪离庄稼远近而争执起来。

甲说："猪粪离庄稼近，便于庄稼吸收，庄稼肯定爱长。"

乙说："让你这么一说，应该把庄稼种到猪圈里，一定更爱长。"

甲说："你这是不讲理。"

113

乙说:"怎么不讲理?你不是说离猪粪近,庄稼爱长吗?"

这时,一位中年农民凑过来说:"我看你们俩谁说得也不对。猪尾巴离粪最近,没见过猪尾巴长得有多长。"

一句话,使在场的人哈哈大笑。

中年农民似乎连常识也不懂了,可一语中的地点破了甲、乙两人的诡辩,更兼具强烈的幽默感。

(3)处理、制止别人的中伤、调侃

朋友之间虽然很要好,有时也会因开玩笑过头,而大动肝火,伤了和气。对于这种情况,不妨巧妙地运用"装作不知道",给他一个丈二和尚摸不着头脑的怪问。

袁兵因身体肥胖,同班的赵强、王明"触景生情","冬瓜"长"冬瓜"短地大聊特聊起来,并时不时拿眼瞅袁兵,扮鬼脸。面对拿别人的生理"缺陷"来开过火的玩笑,实在让袁兵气愤。欲要制止,这是不打自招;如不管他们,却又按捺不住心中的怒火。怎么办呢?

此时袁兵稳了稳躁动的情绪,缓缓地走过去,拍着两人的肩膀,轻言细语地问:"赵强,听说你有1.8米高,恐怕没有吧。"接着又对王明道:"你今天早上吃饭没有?"

听到这般温柔怪诞的问话,兴奋中的两人愣在当头,大眼瞪小眼,如坠云里雾中。全班同学沉寂了几秒钟,随即迸发出哄堂大笑,两人方明白被愚弄了,刚才有声有色的"话题",再也没有兴致继续下去。

(4)制止别人的挖苦、讽刺

挖苦、讽刺,都是一种用尖酸刻薄的语言,辛辣有力地去贬损、揶揄对方的行为,极易激怒对方。为避免大动肝火,两败俱伤,也可巧妙

第六章 做人糊涂 做事精明
——内外有别展现圆通和变通的聪明智慧

地运用装作没听明白的方式见机而行。

丈夫不停地抽烟，烟缸里已经有一大堆烟蒂了，大部分还在冒烟。妻子惊呼："天啦！难道你找不到更好的自杀方式吗？"

妻子出于对丈夫的深切关怀，非常恼恨丈夫抽烟，把抽烟比作"自杀"，用语异常辛辣。作为男子汉的丈夫，虽然自知不对，但对于这样的挖苦，却是忍无可忍。如果直接反击，那也只有伤和气了。此时，不妨装作没有听明白："亲爱的，我正在抽烟思考这个问题。"

这样一个没好气地、似是而非的回答，令人啼笑皆非。丈夫也因此心理获得了平衡而消了怒气，妻子已经发泄了自己的不满，已不太在乎丈夫听到没有，因此也不再言语。

（5）补救说话中的错漏、失误

进行即兴演讲，有时会出现这样的情况：演讲者自己也不知为什么，竟说出一句错话，而且马上就意识到了。怎么办呢？倘若遇上这种失误，演讲者不妨装作不知道，然后采用调整语意、改换语气等续接方式予以补救。只要反应敏捷，应变及时，就可以收到不露痕迹的纠错效果。例如，一位公司经理在开业庆典上发表即兴演讲，他这样强调纪律的重要性：公司是统一的整体，它有严格的规章制度，这是铁的纪律，每一个员工都必须自觉遵守。——上班迟到、早退、闲聊、乱逛、办事推诿、拖沓、消极、懈怠，都是违反纪律的行为。我们允许这些现象的存在——就等于允许有人拆公司的台，我们能够这样做吗？

这位经理的反应力和应变力是很强的。当他意识到自己把本来想说的"我们绝不允许这些现象的存在"一句话中"绝不"两字漏掉之后，佯作不知，马上循着语言表达的逻辑思路，续补了一句揭示其后果的话，同时用一个反问句结束,增强了演讲的启发性和警示力。这样的续接补救,真可谓顺理成章,天衣无缝。

在人际交往中,很多情形让我们无法预料,难免会出现尴尬情景,这时,就要求我们灵活应变,懂得变通,这样会化解尴尬场面。

揣着明白装糊涂

只要我自己消除了指责他人的心念,也就把一切错误思想和不良情绪消灭干净。没有憎恨或者贪爱的情感,高枕无忧,自由自在。如果想要教导和感化他人,自己必须有机动灵活、行之有效的手段,要消除对方的一切疑虑,才能显示自己本性。佛教的真理就在世俗之中,觉悟成佛不能脱离世俗。如果脱离世俗去另外寻求觉悟成佛,就如同愚昧无知的人误把兔子的耳朵当成了兔子的角来追求,最终还是一无所获。正确的见解就是超出世间的清净修行,错误的见解就是众生生死轮回的世间。对于正确和错误的见解都不去关心,觉悟的本性就清晰地展现出来了。

六祖惠能有很多真知灼见。六祖惠能是想用这段话告诉众人:无论对任何事情,我们都不能较真儿,该明白的时候一定要装出糊涂的样子来。这也是一种规避风险,保全自己的一种良策。

有人做过统计,世界上80%的财富掌握在20%的人手里,这是一

第六章 做人糊涂 做事精明
——内外有别展现圆通和变通的聪明智慧

个真理。为什么大多数人都是穷人，而只有少数人是富人呢？那是因为只有少数人能够敏捷地抓住商机。

1955年，包玉刚花了377万美元，买下一艘已经使用了27年的旧货船，成立了环球航运公司，开始了经营船队的生涯。当时，世界航运界通常按照船只航行里程计算租金的单程包租办法，世界经济又处于兴旺时期，单程运费收入高，一条油轮跑一趟中东可赚500多万美元。

然而，包玉刚并不为暂时的高利润所动。他坚持一开始所采取的低租金、合同期长的稳定经营方针，避免投机性业务。这在许多人看来，实在是"愚蠢之举"。许多人都劝他不要"犯傻"，改跑单程。

其实包玉刚心里早已盘算得非常清楚：靠运费收入的再投资根本不可能迅速扩充船队。要迅速发展，必须依靠银行的低息长期贷款；而要取得这种贷款，必须使银行确信他的事业有前途，有长期可靠的利润。他把买到的一条船以很低的租金长期租给一家信誉良好、财务可靠的租船户，然后凭这份长期租船合同，向银行申请到了长期低息贷款。

依靠这些长期的可靠贷款，包玉刚发展壮大了船队。在这种稳定经营方针指导之下，他只用了20年的时间，就把公司发展成为拥有总吨位居世界之首的远洋船队，登上世界船王的宝座。

包玉刚的成功秘诀，应归功于他当初的"装疯卖傻，假痴不癫"。

有的人表面上给人以不思进取、碌碌无为的印象，隐藏自己的才能，实际上掩盖内心的抱负，以便等待时机，筹备实施计划，而不露声色。古代兵书告诉我们，真正善于打仗的，绝不会炫耀自己的智谋和武力。

"糊涂战术"在商战中常能有效地迷惑对方、使对方麻痹大意，从而抓住时机，出奇取胜。

做人圆通　做事变通

在企业管理上，聪明的经营者对待下属的宽容，这同时也是每个领导应具备的素质。没有一个下属愿意为那种对下属斤斤计较、小肚鸡肠，对一点小错抓住不放，甚至打击人的领导去卖力办事的。

俗话说："将军额头能跑马，宰相肚里可撑船。"当领导的要能容人、容事、容得不同意见、容得下属的错误。领导的宽容大度，可以使下属忠心耿耿，为自己效力，从而为事业奠定了良好的基础。

领导者不仅要对部下示以宠信，同时还要向他们显示自己的大度，尽可能原谅下属的过失，这是一种重要的笼络手段。对那些无关大局之事，不可同部下锱铢必较，"大人不计小人过"，当忍则忍，当让则让。要知道，对部下宽容大度，是制造向心效应的一种手段，有时会产生意想不到的神奇效果。

一次，一个国王同群臣饮酒，正当众大臣酒喝得酣畅之际，灯烛忽然灭了。大臣之中有一个人因垂涎国王美姬的美貌已久，加之饮酒过多，一时难以自控，便乘黑暗混乱之机，抓住了美姬的衣袖。

美姬一怒之下扯断了那人帽子上的帽缨，并轻声告诉国王说："刚才有人拉我的衣襟，我扯断了他头上的帽缨，现在还在手里，赶紧点灯来看看这个断缨的人是谁。"

国王心想："我赏赐大家喝酒，他们因喝醉酒而失礼，这是我的过错。怎么能为了这种事而责怪手下呢？这样不妥。"于是大声对左右的人说："今天大家和我一起喝酒，如果不扯断帽缨，说明大家没有尽欢。"群臣纷纷都扯断了帽子上的帽缨而热情高昂地继续饮酒，尽兴而散。

后来，这个国王带兵与邻国打仗。有一员大将总是冲锋在前，奋勇杀敌，屡立战功，国王感到十分惊奇。在凯旋的路上，国王忍不住问他：

118

第六章 做人糊涂 做事精明
——内外有别展现圆通和变通的聪明智慧

"我平时对你并没有特别的恩惠,你打仗时为何这样卖力呢?"那员大将回答说:"我就是那天夜里被扯断了帽缨的人。"

从这里,我们不仅看到了这位国王的宽宏大度、远见卓识,也可以洞悉他们驾驭部下,使部下以死为他效命的高超艺术。

作为全世界最大的软件公司,微软公司的 windows 系统在 IT 业一直处于全行业的垄断地位。然而正是由于微软始终站在全行业无可争议的霸主地位上,以致蜷缩在微软这棵大树下的中小公司无法生存,它们联合状告微软公司破坏了公平竞争的原则,造成创新意识的衰退,损害到国家的利益以及消费者的利益。

全世界 90% 的电脑都在使用微软的 windows 视窗作业系统,而所有的应用程序如果不与微软的程式相容,便无法在市场上立足。与此同时,为了更大限度地占领市场,微软公司还推出了捆绑式销售,将微软自产的 office 等办公软件与 windows 视窗作业系统一起出售,这样就使得其他的软件商根本无法在市场上立足,微软极大地伤害了自由经济环境下的公平竞争原则,这就难怪全世界的软件行业和消费者都视微软为可爱又可憎的 IT 巨鳄,对其既无奈又割舍不开。

尽管遭受了如此多的非议,状告微软的人越来越多,但是比尔·盖茨还是不为所动,依然我行我素,按照自己的意愿全力发展他的软件帝国。他坚信,只要是全世界 90% 的人都还在用他的微软视窗,那么无论是法官还是美国政府都不能把他怎么样,这就是比尔·盖茨所仰仗的筹码。

在全球的责难声中,在无数的起诉中间,比尔·盖茨装聋作哑,继续进行他的强势销售,使得微软公司成为股票市值大到上千亿美元的超

做人圆通　做事变通

级巨头，而比尔·盖茨本人也连续 10 年登上了全球首富的宝座。这就是比尔·盖茨和他统领下的微软帝国。他们向全世界的行销者证明了事实是检验真理的最佳办法，微软用事实证明他们是最赚钱的 IT 公司，这一点即使是他的敌人也不得不承认。这便是装聋作哑，坚持自己的行销方法，从而取得巨大成功的典范。

在现实中能够顶住压力、坚持自己信念的人毕竟不多，因为这些压力与非议可能来自你的直接领导、大部分下属，甚至是投资人。在他们的非议之下如何坚持自己的信念便成了最困难的问题。这需要拥有最坚强的信心，要么尽力说服他们，要么就装聋作哑，只管走自己的路，让别人去说吧。

当你陷于被动境地的时候，为了拖延时间，找出对方的破绽，或者故意装作不懂、不明白，让对方放松警惕，消磨对方的锐气，这样便利于己方的反击活动。这种"聋"并不是盲目的聋，而是有选择的聋，要积极地让别人理解你，并且以最快的速度做出成绩，才能使反对之声戛然而止。

有的人在形势的发展不利于自己时，经常采用"痴而不癫"的招数应付，他们隐藏自己的才能，掩盖内心的抱负，以便等待时机。

揣着明白装糊涂，有时是大智若愚的表现。在日常生活中，世事洞明、人情练达的人往往懂得适时地假装糊涂，从而达到自己的目的。事实上，一般人很难达到大智若愚的境界。但这也无妨，只要为人、处世懂得适时地假装糊涂，避重就轻，就能够取得良好的效果。

第六章 做人糊涂 做事精明
——内外有别展现圆通和变通的聪明智慧

明话也要含糊说

做人要"糊涂",说话要"糊涂",这是一种做人的艺术。

含糊说话是运用不确定的或不精确的语言进行交际的妙法。在公关语言中运用适当的含糊,这是一种必不可少的艺术。交际需要语词的模糊性,这听起来似乎是很奇怪的。但是,假如我们通过约定的方法完全消除了语词的模糊性,那么,就会使我们的语言变得非常贫乏,就会使它的交际和表达的作用受到严重的限制,而其结果就摧毁了语言的目的,人们的交际就很难进行,因为我们用以交流的工具——语言遭到了损害。

例如:某经理在给员工作报告时说:"我们企业内绝大多数的青年是好学、要求上进的。"这里的"绝大多数"是一个尽量接近被反映对象的模糊判断,是主观对客观的一种认识,而这种认识往往带来很大的模糊性。因此,用含糊语言"绝大多数"比用精确的数学形式的适应性强。即使在严肃的对外关系中,也需要含糊语言,如"由于众所周知的原因","不受欢迎的人",等等。究竟是什么原因,为什么不受欢迎,其具体内容,不受欢迎的程度,均是模糊的。

现代文学大师钱锺书先生,是个自甘寂寞的人。居家耕读,闭门谢客,最怕被人宣传,尤其不愿在报刊、电视中扬名露面。他的《围城》再版以后,又拍成了电视剧,在国内外引起轰动。不少新闻机构的记者,都想约见采访他,均被钱老执意谢绝了。一天,一位英国女士,好不容易打通了他家的电话,恳请让她登门拜见钱老。钱老一再婉言谢绝没有

做人圆通　做事变通

效果,他就妙语惊人地对英国女士说:"假如你看了《围城》,像吃了一只鸡蛋,觉得不错,何必要认识那个下蛋的母鸡呢?"这位女士终被说服了。

钱先生的回话,首句语义明确,后续两句:"吃了一只鸡蛋,觉得不错"和"何必要认识那个下蛋的母鸡呢?"虽是借喻,但从语言效果上看,却是达到了"一石三鸟"的奇效:其一,是属于语义宽泛,富有弹性的模糊语言,给听话人以寻思悟理的伸缩余地;其二,与外宾女士交际中,不宜直接明拒,采用宽泛含蓄的语言,尤显得有礼有节;其三,更反映了钱先生超脱盛誉之累、自比"母鸡"的这种谦逊淳朴的人格之美。一言既出,不仅无懈可击,且又引人领悟话语中的深意,格外令人敬仰。

还要注意的是在许多交际场合中,成功的狡辩所产生的幽默效果也非常好。用适当的含糊,可以使你在表面上显得又痴又傻,可实际的机智又非常人能比,分明是大智若愚。

比如一次,乾隆皇帝突然问刘墉:"京城共有多少人?"刘墉猝不及防,却非常冷静地回了一句:"只有两人。"乾隆问:"此话何意?"刘墉答曰:"人再多,其实只有男女两种,不是只有两人?"皇帝又问:"今年京城里有几人出生?有几人去世?"刘墉回答:"只有一人出生,却有十二人去世。"乾隆问:"此话怎讲?"刘墉妙答曰:"今年出生的人再多,也都是一个属相,岂不是只出世一人?今年去世的人则十二种属相皆有,岂不是死去十二人?"乾隆听了大笑,深以为然。

确实,刘墉的回答极妙,皇上发问,不回答显然不妥,答吧,心中无数又不能乱侃,这才急中生智,转眼间以含糊的回避转移法趣对皇上。

其实,含糊的说话方式不仅可以帮你解围,同时还是一个人"糊涂"

为人、大智若愚的表现。能够将这种说话方式运用灵活，也将成为你一生的财富。

糊涂应对请求

不败的人生从谨言做起，把糊涂当做一种境界。

俗话说，"逢人只说三分话"，还有七分话，不必对人说出，你也许以为大丈夫光明磊落，坦诚相见，事无不可对人言，何必只说三分话呢？

其实不然，我们提倡在人际交往中以诚相见，但是，人与人之间要达到以诚相见的境界势必要有一个过程。在这个过程中的每个不同阶段，需要运用各种恰如其分的交际方法，方能保证这个过程的顺利完成。

所谓糊涂表态即是采取恰当的方式、巧妙的语言对别人的请求作出间接的、含蓄的、灵活的表态。其特点就是不直截了当地表明态度，避免与对方短兵相接式的交锋。它是一种常用的社交方式。

"糊涂表态"功效有二：

一是给自己留有回旋的余地。有些问题一时尚不明朗，需进一步了解事实真相，或看看事态的发展及周围形势的变化，方可拿主张。糊涂表态就能给自己留下一个仔细考虑、慎重决策的余地。否则，君子一言，驷马难追，不仅影响自己的威信和声誉，也会因此对人际关系造成不应有的损失。

二是给对方一点希望之光，有利于稳定对方的情绪。要求你解决或答复问题的人，内心总是寄予着厚望的，希望事情能如愿以偿，圆满解决。如果突然遭到生硬的拒绝，由于缺乏必要的心理准备，很可能因过分失望或悲伤，心理上难以平衡，情绪难以稳定，产生偏激言行，有碍于人际交往。

相反，倘若话尚未完全说死，则使他感到事情并非毫无希望，也许经过更多的努力或者过一段时间机会降临，事情会向好的方向转化，因而情绪趋于稳定。

然而，我们并不是说凡事都要糊涂表态。任何事情的发展变化都得有个过程，有的还得有一个相当长的演变过程。当事情处于发展变化初期，实质性的问题尚未表露出来，这就难以断定其好坏、美丑、利弊、胜负。这时，就需要等待、观察、了解研究，切不可贸然行事，信口开河。

有些经验丰富的人遇到这类问题，用几句幽默话语，如引用一则寓言故事或一则笑话，而不作直接的回答，留给对方去思考、品味。这可以说是"糊涂表态"中的高招了。

顾左右而言他

顾左右而言他是糊涂说话的一种有效方式，当对方触及了你的禁

第六章 做人糊涂 做事精明
—— 内外有别展现圆通和变通的聪明智慧

忌，或是你不愿提及的话题时，你就可以试着用这种方法来转移话题。这也是糊涂做人的技巧所在。

顾左右而言他是一种言辩对答的交际应变术。它产生于孟子与齐宣王的一次谈话。孟子问齐宣王，有一个人要到楚国去，将自己的妻子儿女托付给一位朋友照顾，可当这个人从楚国回来时，却看到那位朋友让他的妻子儿女受冻挨饿。对这样的朋友该怎么办？齐宣王说，抛弃他。孟子又问，司法官员管不了他的下级，怎么办？齐宣王说，罢免他。孟子又问，国家治理得不好，怎么办？由于这个问题涉及齐宣王自己的责任，因此，齐宣王左右张望了一下，把话题扯到其他方面去了。后来，人们就把故意转移话题，或以其他言语搪塞、掩饰正题的做法，称做"顾左右而言他"。

1945年，在德国投降、欧战结束后，苏联人民委员会主席斯大林、美国继任总统杜鲁门和英国首相丘吉尔，于7月17日至8月2日在德国柏林西南的波茨坦举行会议，进一步商讨战后世界的安排和苏联对日作战的问题。会议举行的前一天，即7月16日，美国在新墨西哥州的洛斯阿拉莫斯进行首次原子弹爆炸试验成功。杜鲁门带着这张"王牌"参加会议。7月24日，杜鲁门不慌不忙地向斯大林暗示美国已有了原子弹，他向苏联翻译说："请你告诉大元帅，我们已经完善的制造出了威力很大的爆炸物，准备用来攻打日本，我们想它将使战争结束。"杜鲁门说完后，眼睛盯着斯大林，想看看斯大林对此话的反应。然而，斯大林好像没有听懂杜鲁门的话似的，继续谈着其他的话题。其实，斯大林早已知道有关美国制造原子弹的事情，并了解了美国人的进展程度，苏联情报机构已招募到美国曼哈顿计划的主要科学家给苏联提供资料，

做人圆通　做事变通

苏联也正在加紧发展自己的原子弹。斯大林用顾左右而言他的手法，使杜鲁门的核恫吓未能奏效，又没有暴露苏联自己研制原子弹的计划。几年之后，苏联的原子弹也研制成功。

生活中，顾左右而言他的说话方式也有无穷妙用。

一个男大学生爱上了一个女大学生，对女大学生说了一番这样的话："我离不开您，您是温暖着我的太阳，您是照耀着我的月亮，您是为我指引方向的北斗星，您是为我呼唤早晨的启明星。"

女大学生聪明，早已听出这一番表白爱情的极热烈的话，但自己并不喜欢面前的小伙子，怎么办？如果断然说"我不喜欢你"，岂不是会使对方陷入尴尬？不置可否，岂不是对对方不负责任？

于是，她就假装糊涂地说了一句："真美！您对天文学太有研究了，可我，真对不起，我对天文学一点也不感兴趣！"

装糊涂转移话题不失为处理难题的好办法。避免了尴尬，同时也让对方不失面子地接受了拒绝。

忠言逆耳加糖衣

虽说"良药苦口利于病，忠言逆耳利于行"，但真正乐意听取逆耳忠言的寥寥无几。在人情关系学中，要注意尊重他人，即使是指责批评，也要加上"糖衣"，这样对方才容易接受。这也是一种糊涂应对生活难

第六章 做人糊涂 做事精明
——内外有别展现圆通和变通的聪明智慧

题的方法。

日本文坛著名的鸳鸯夫妇三浦朱门与曾野绫子，据说数年前每年都要为同一件无聊的事情争吵一次。争吵的原因是，结婚纪念日那一天，朋友夏树群子拍来的贺电。朋友的这番心意，新婚时的确很高兴，但结婚15～20年后，却变成了"不受欢迎的好意"。"原来今天是结婚纪念日，来点什么庆祝？""算了吧！何必多此一举？反正年纪也不轻了。"两人都不愉快起来，夫妇讨论的结果，认为再这样下去会受不了，由曾野绫子打电话给夏树群子，"谢谢你每年的贺电，但已经是老夫老妻了，实在不好意思谈什么结婚纪念日"。隔年起朋友就不再有贺电了。

想必你在日常生活中也一定会遭遇必须讲一些难以启口的话。这种时候，如果直接说"实在伤脑筋""这样很麻烦"，很可能引起对方的反感，或者给予对方不快感。如有像曾野绫子那样夹杂机智与笑话来传达的机灵，对方也就一笑置之，既不伤害到对方，说的人心理负担也比较轻。

另外警告别人时不要指出缺点，而要强调如果纠正过来会更好。

有位公司主管慨叹纠正别人实在难，稍微提醒一下部属，部属不是猛烈反抗，就是越变越坏。这位主管只是指出对方的缺点加以批评而已。

有位棒球教练在纠正选手时，不说"不对，不对"而说"大致上不错，但如果再纠正一下……结果会更好。"他并非否定选手，而是先加以肯定再修正。也就是说先满足对方的自尊心，然后再把目标提高。如果只是纠正、警告的话，只有徒然引起选手的反感，不会有何效果可言。

如果你不小心提到对方的缺点时，要加上赞美的话。

想必每个人都曾有过不小心说话伤到对方或对对方不礼貌的场合。

做人圆通　做事变通

话一旦说出来就无法挽回，当场气氛就不好了。这种情形人们大多是连忙辩解，或者换上温和一点的措辞，这实在不是好方法，因为对方认为你心里这么想才会出言不逊。这种时候不要去否定刚才说出来的话，要尽量沉着，若无其事地附带说道："这就是你吸引我的地方，但是，你也有××××优点，所以表面上的缺点更显得有人性。"人对于别人说过的话总是对最后的结论印象最深刻，附加赞美的话，对方便认为结论是赞美的，即使前面说过令人不愉快的话，也就不会计较了。

你也可以假托第三者传达对对方的批评。

某企业的主管对他公司的几位兼职的女职员言谈不很高雅心理颇觉不爽。有一天，他告诉一个已经任职两三年的女职员："最近的年轻人说话有点随便，请你代我转告一下好吗？"

那个女职员回答："是"，结果很令人意外。那几个兼职的女职员谈吐多少有所改善，而那个负责转告的女职员对自己的谈吐最为小心翼翼。恐怕是"最近的年轻人"这句话让那个女职员觉得自己也包括在内。

这个女职员的情形，连主管也意想不到。这也可以用做批评别人时的方法，也就是说托诸"第三者"而不要直接批评，如此一来，对方就会虚心接受而不太会产生反感。

然而，这种托诸"第三者"的批评，如果太过明显，听起来倒像"指桑骂槐"，这一点可要多留意。

第七章

做人厚道　做事灵活
——守恒转化力求圆通和变通的八面玲珑

灵活变通是做事的鼠标，想点哪儿就点在哪儿，只要别让箭头挡住了你的"目标文字"。而做人要厚道，讲原则则是键盘，你按一个字母它才会显示出来，很有秩序，不会更改，在执行某些命令时，只能是按照程序的命令。同电脑操作一样，生活中我们要遵循法律条款、规章制度、风俗习惯等原则性的东西，又能按照自己的意愿和客观情况"点"出自己的精彩，这样我们就能于守恒转化间力求圆通和变通的八面玲珑，也才能确确实实地成为"电脑高手"。

做人圆通　做事变通

随机应变灵活办事

"直如弦，死道边；曲如钩，反封侯"，这句意味深长的哲言给我们揭示了一种存在于世间的潜在真理。老实耿直不但做不成事，反而会自身难保，而学会了"曲"，倒能风光显贵。由此可见，学会随机应变、机灵办事是多么重要。

在中国的封建社会里，做官和做人往往是分离的。做官者多用文学之术，虽满口仁义道德，其实只要能保官位，能成好事，也就不管其手段和方式，不问其性质和目的；而做人呢，或奉儒，或信道，总而言之，是要为理想的观念活着，这就难免在现实面前碰壁。所以，在古代，往往出现这种怪异而又正常的现象：官格与人格的背离。因此，好人难做好官。

唐玄宗时，李林甫、裴耀卿、张九龄同为朝廷重臣。张九龄以直言敢谏著名，渐得朝廷大臣尊重。李林甫因此怀恨在心，想寻机置张九龄于死地。

这时，宠妃惠妃与太子有隙，诬陷太子私结党羽，谋图不轨，求玄宗将太子废掉。枕边风吹多了，玄宗动了心，提到朝廷上讨论。张九龄坚决不同意，并说因一个女人之言就废立太子，实非圣君之所为。玄宗

第七章 做人厚道 做事灵活
——守恒转化力求圆通和变通的八面玲珑

听了，不悦而退。李林甫乘机来到后花园，拜见玄宗，说张九龄亦为太子一党，故有此谏。自此，玄宗对张九龄产生了坏印象。

开元二十四年（公元736年），玄宗听从郡州之举，想加封郭觚人牛仙客为幽国公。张九龄认为此人不过是善使谨慎保身之术，并无大功，不宜封此重爵，便相约了李林甫一同去诤谏。李林甫当面表示同意，但到了玄宗面前，张九龄固陈谏辞之后，玄宗和张九龄都看他的反应时，他却装作沉思之态，默然无语。玄宗仍坚持封牛仙客，张九龄坚持己意，说牛仙客目不识丁，非科举出身，不过省俭而已，不宜重封。玄宗不悦，退身回后宫。李林甫又寻机会潜来，告诉玄宗："张九龄固谏逼上，有不敬之罪，在用人问题上处处与皇上作对，只不过谋图树立太子党群，为自己留条后路而已。"

一句话说得玄宗大怒起来，"我还没到该死的年纪，九龄就怀此心，怎可重用。"当即令李林甫代拟诏书，将九龄贬官外放。

李林甫眼珠一转，怕这事情疑到自己头上，在朝廷大臣中站不住脚，忙说："张九龄固谏之后，皇上即把他贬斥外放，显得皇上没有气量，不如冷冷再说。"玄宗听听有理，便没让李林甫写诏，不过，玄宗对此事却耿耿于怀，终于瞅个机会罢去了张九龄的宰相之职。

张九龄的固执耿直在李林甫的见风使舵面前败下阵来，是因为他不懂得顺着玄宗的意思而改变自己的意思甚至说话的方式。虽然是为国为民，这种不讲策略、不懂得随机应变也是应该改变的。因为越是大事就越需要这种智慧，否则，耽误的就不是一己之事了。

公元前686年，公孙无知反叛，杀死齐襄公，自立为君。一个月后，公孙无知被大臣设计刺死。国不可一日无主。于是，齐国的大臣派

做人圆通　做事变通

人迎接流亡鲁国的公子纠回国继位，鲁庄公亲自率兵护送。效忠公子纠的管仲预计，流亡在莒国的公子小白也可能回齐国争位，为了防止公子小白称回到齐国继位，管仲亲自率三十乘兵车去拦截公子小白。在过即墨三十余里的地方，管仲所带的一队人马与公子小白相遇。争斗中，管仲弯弓搭箭，向公子小白射箭，只见小白大叫一声，口吐鲜血，扑倒在车上。此时，管仲才拨转马头，带一行人优哉游哉地护送公子纠回齐国即位，殊不知，当他们到达齐国的边界时，公子小白已抢先一步即了王位，成了齐国国君齐桓公。管仲和公子纠大为惊惑。原来，管仲的那一箭并没有射中公子小白，而是射到公子小白的带钩上，小白趁势咬破舌尖，喷血倒下装死，蒙骗了管仲。然后，公子小白抄近道急奔回国，经谋士鲍叔牙说服了齐国众大臣，登上了王位。

汉朝飞将军李广，也曾用装死术逃脱危险。一次，李广率部出雁门关抗击匈奴，不幸身负重伤，被匈奴兵俘虏。匈奴兵见李广伤重，便找来一张网，让李广躺在网里，由两匹马抬着，扬扬得意地准备送到单于那里领赏。李广伤势虽重，头脑却十分清醒，他想，不能就此做了敌人的俘虏。便闭上眼睛装死，仍不时偷偷地周围的情况。匈奴兵见李广双眼紧闭，一声也不吭，以为他因伤势过重昏了过去，也就放松了对李广的监视。过了好一会，李广见一位匈奴少年骑着一匹好马走在他的旁边，便趁那少年不备，突然坐起来，纵身跳上那少年的马背，随即夺下少年的弓箭，将其推下马，然后勒转马头，飞奔而去。当随行的匈奴兵回过神来时，李广已冲出几十分尺。匈奴兵急忙围追，李广用夺得的弓箭射杀追兵，一口气跑出几十里，终于甩掉了追兵，脱离了危险。

相对于这些大事大人物，在小人中把随机应变，机灵办事应用得

第七章 做人厚道 做事灵活
——守恒转化力求圆通和变通的八面玲珑

最活络得要数大太监李莲英了。他的得宠并不是偶然的，也不是没有道理的。

慈禧爱看京戏，常以小恩小惠赏赐艺人一点东西。一次，她看完著名演员杨小楼的戏后，把他召到眼前，指着满桌子的糕点说："这一些赐给你，带回去吧！"

杨小楼叩头谢恩，他不想要糕点，便壮着胆子说："叩谢老佛爷，这些尊贵之物，奴才不敢领，请……另外恩赐点……"

"要什么？"慈禧心情高兴，并未发怒。

杨小楼又叩头说："老佛爷洪福齐天，不知可否赐个'字'给奴才。"

慈禧听了，一时高兴，便让太监捧来笔墨纸砚。慈禧举笔一挥，就写了一个"福"字。

站在一旁的小王爷，看了慈禧写的字，悄悄地说："福字是'示字旁、不是'衣字旁的呢！"杨小楼一看，这字写错了，若拿回去必遭人议论，岂非有欺君之罪，不拿回去也不好，慈禧一怒就要自己的命、要也不是，不要也不是，他一时急得直冒冷汗。

气氛一下子紧张起来，慈禧太后也觉得挺不好意思，既不想让杨小楼拿去错字，又不好意思再要过来。

旁边的李莲英脑子一动，笑啊呵地说："老佛爷之福，比世上任何人都要多出一'点'呀！"杨小楼一听，脑筋转过弯来，连忙叩首道："老佛爷福多，这万人之上之福，奴才怎么敢领呢！"慈禧正为下不了台而发愁，听这么一说，急忙顺水推舟，笑着说："好吧，隔天再赐你吧！"就这样，李莲英为两人解脱了窘境。

李莲英的机敏在于借题应变，将错就错。这种圆场技术不仅需要智慧，也是与脑子机灵、嘴巴活络分不开的。慈禧常夸"小李子"会办事，看来也非虚言。

人活一世，生存环境不断变迁，各种事情接踵而来，墨守成规、只认死理是无论如何都行不通的。而随机应机、机灵通达才是我们立足于世，并且能越来越好的成事法宝。

求变者创新者永远立于不败之地

生活中无论做什么事，不会变通都寸步难行。可以说，变是一个永恒的主题。而创新则是求变思想中最耀眼的一颗明珠，它让一切都充满生机和活力。

中国古人观察到一种现象："君子之泽，三世而转。"意即祖父创立的事业，到了孙子这一代就会败落。这种现象，至今仍然严重存在。但中华文明延续了五千年仍具有强大的生命力可见，只要与时俱进，不断创新，一项事业就能得到持续的发展。

国家如此，企业、个人又何尝不是如此？任何企业、任何个人，自己的事必须自己做，自己的路必须自己走；任何事，都有更好的方法去解决；任何路，都有通往成功地走法；因此，人人都必须把创新视为生存斗争中高于一切的东西，力求创立一番新事业，走出一条新路来。

提到企业的创新，就不能不提到美国微软公司的创新，人们想到的，

第七章　做人厚道　做事灵活
——守恒转化力求圆通和变通的八面玲珑

同时也是最为迫切需要的，理所当然是它那每几年就开发出来的一代新主导产品。但这些产品的推出，并不是孤立的。在微软，还有不少被人称为"怪术"的东西。如：

独特的办公室：比尔·盖茨认为，办公室和人的等级无关，和人的智慧有关。只有在一个独立的富有个性的环境中，软件开发人员的智慧才有可能最大限度地发挥。一个更大、更舒适的办公室不但不能使一个高级经理更加聪明，反而会助长其高人一等的念头，进而变得愚蠢。因此，从20世纪80年代初期微软公司在美国雷德蒙市的那片红杉树林中兴建它的总部，到如今总部员工有1.8万人，比那时多了上百倍，比尔·盖茨力求让每一个员工都拥有一个单间办公室——大约11平方米，里面摆着一台电脑、一张小圆桌和几把靠背椅，没有沙发。不论是新来的大学毕业生还是公司高级管理人员，全都一样。

这种空间格局潜移默化地宣扬一种人人平等和张扬个性的思想，每间办公室，里面的陈设完全根据员工自己的兴趣布置，最常见的自然是家庭照片，此外还有各种各样的工艺品、野花、红杉以及各种叫不出名字的花草、芭比娃娃、儿童画、饼干和各种零食、星球大战的模型、松鼠、其他宠物，有一个人甚至在办公室里养了一条大蟒蛇。

独特的考试与试题：到微软来参加面试，每一个面试者，要同微软公司的5～8个人面谈，有时候可以达到10个人，这同一般用人单位的面试相差不大。与众不同的是，面试是以"一对一"的方式提问。他们说，微软文化中讲究公平和对等，所以不会让一个应试者同时面对一大堆考官，因为那样对应试者来说不公平。

面试的题目也很独特，以下是微软中国研究院面试中的一些"经典问题"：

为什么下水道的盖子是圆形的？

请估计北京共有多少个加油站？

你和你的导师发生分歧怎么办？

给你一个非常困难的问题，你将怎样去解决它？

两条不规则的绳子，每条绳子的燃烧时间是1个小时，请在45分钟烧完两条绳子。

这些问题难度不大，但可以通过它们了解应试者的聪明程度和为人态度。一些应试者通过了所有的考试，但因对导师大发牢骚而被考官明确判定："此人不能要"，因为把这种人引进门，等于把是非引进门。

诸如此类的特点，总的来说，反映了微软一种重视个性、重视公平、重视智慧、重视热情、重视想象力、重视创新的公司文化。这也表明，创新并不是孤立的，它同很多东西联系在一起，特别是同人的个性、智慧、热情、想象力等因素联系在一起，同整个团体的体制与气氛联系在一起。这也是不断创新、与时俱进的基本保证。

提到个人，我们不难想起那位滑稽搞笑的著名影星——卓别林。卓别林出生在一个贫穷的演员家庭，1岁时父母离异，他跟随母亲生活。

他母亲16岁就开始在剧团演主角，卓别林认为，"她有足够的资格当一名红角儿"。但是她的嗓子常常发干，喉咙容易感染，稍微受了点儿风寒就会患喉炎，一病就是几个星期，然而又必须继续演唱，于是她的声音就越来越差了。

卓别林5岁那年的一天晚上，他又一次和母亲去一家下等戏馆演唱。母亲不愿意把他一个人留在那间分租的房子里，晚上常常带他去戏院。

第七章 做人厚道 做事灵活
——守恒转化力求圆通和变通的八面玲珑

那天晚上，卓别林站在条幕后面看戏，只见他母亲的嗓子又哑了，声音低得像是在悄悄地自言自语，听众开始冷讥热讽她，有的憋着嗓子唱歌，有的学猫儿怪叫。他稀里糊涂，也搞不清楚发生了什么事情。但是噪声越来越大，最后母亲不得不离开了舞台，并在条幕后面跟舞台管事的吵起嘴来。管事的以前曾看到卓别林表演过，就建议让卓别林上场。

在一片混乱中，管事的拉着5岁的卓别林走出去，向观众解释了几句，就把卓别林一个人留在舞台上了。面对着耀眼夺目的脚灯和烟雾迷蒙中的人脸，卓别林唱起歌来："一谈起杰克·琼斯，哪一个不知道？……可是，自从他有了金条，这一来他可变坏了……"

卓别林刚唱到一半，钱就像雨点儿似的扔到台上来。他停下，说他必须先拾起钱，然后才可以接着唱。这几句话引起了哄堂大笑。舞台管事的拿着一块手帕走过来，帮着他拾起了那些钱。卓别林以为他是要自己收了去，就把这想法向观众说了出来，这一来他们就笑得更欢了。管事的拿着钱走过去，卓别林又急巴巴地紧跟着他，直到管事的把钱交给他母亲，他才返回舞台继续唱。台下的观众笑的笑，叫的叫，吹口哨的吹口哨，气氛更为热烈……

受到这种鼓励，卓别林也来了劲，他毫无拘束地和观众们谈话，给他们表演舞蹈，还做了几个模仿动作。有一个节目是模仿他母亲唱一支爱尔兰进行曲："赖利，赖利，就是他那个小白脸叫我着了迷，赖利，赖利，就是他那个小白脸中我的意……（谁也比不上）那位高贵的中士，他叫赖利。"在唱的时候，他把母亲那种沙哑的声音也模仿得惟妙惟肖、栩栩如生，观众被这个5岁的小男孩逗得笑破肚皮，扔上了更多的钱。

卓别林后来回忆说："那天夜里在台上露脸，是我的第一次，也是母亲的最后一次。"

创业、创新乃至寻找职业，最让人感到迷茫的就是不知自己的才华和特长到底是什么，卓别林的第一次，也许可以给人们一点启发。当然，不一定要那么早，而且除了艺术、体育外，其他方面的才华也不会表现得那么早。但有一点是比较普遍的，即真正的才华，往往就是这样自然、生动并令人愉快地展现出来的。

创新者永存！一个国家、一个企业、一个人只有处于创新的基点上，才会永不动摇地位于成功的宝座上。

改变自己僵化的思维

有些道理乍听起来光明正大、无懈可击，可如果你认死理，非抱着这些万分正确的教条不放，就只有碰壁的份儿。如果说一个人做人做事需要变通，首先需要改变的就是僵化的思维方式。

比如，在我们这个世界上，许许多多的人都认为公平合理是人际关系应有的准则。我们经常听人说："这不公平！"或者"因为我没有那样做，你也没有权利那样做。"我们整天要求公平合理，每当发现公平不存在时，心里便很气愤。按理说，要求公平并不是错误的行为，但是，假如因为不能获得公平，就产生一种消极的情绪，这个问题就要注意了。强求和对于公平过于敏感就会把一切归诸外因而放弃自己的努力和责

第七章 做人厚道 做事灵活
——守恒转化力求圆通和变通的八面玲珑

任，一个又一个的机遇就会与你无缘。

世界上没有绝对的公平，你寻找绝对公平就如同寻找神话传说中的仙人一样，是永远也找不到的。这个世界并不是根据公平的原则而创造的，譬如，鸟吃虫子，对虫子来说是不公平的；蜘蛛吃苍蝇，对苍蝇来说是不公平的；豹吃狼、狼吃狸、狸吃鼠、鼠又吃……只要看看大自然就可以明白，这个世界并没有"公平"。飓风、海啸、地震等都是不公平的，公平是神话中的概念。人们每天都过着不公平的生活，快乐或不快乐，是与公平无关的。

这并不是人类的悲哀，而是一种真实情况。

我们在生活中受到公平思想的心理影响，当公平没有出现时，我们会感到生气、愤懑，但是，过去不曾有过绝对的公平合理，今后也不会有。

文明社会一再呼吁公平，政客们在他们的竞选演说中多次运用这两个字。比如，"我们对任何人都要一视同仁。"尽管如此，不公平的现象依然存在，在我们的社会里，贫穷、战争、犯罪、疾病等不公平的现象不是到处都有吗？

不公平是常有的事，你可以运用自己的智慧与不公平进行挑战，从而避免使你陷入僵化，维护自己的尊严和人权。

要求公平和平等并不是自毁的行为，由于不公平的现象而引起的各种消极行为才是自毁的行为。

"要求公平"的行为在我们的生中随处可见，无论是在自己或别人身上都可以找到。下面就是一些常见的例子：

总是希望别人对待你的方式应该同你对待别人的方式相同。

别人对你有些好处，你就想立刻回报他。如果朋友请你吃饭，你就欠了朋友的人情。这种情形一般被认为是懂得待人处世，其实，这表明你希望公平的对待。

总是等别人吻你，你才去吻别人；总是等别人说"我爱你"，你才回答说"我也是爱你的"。你从来不主动向对方表露你的爱情，因为你认为，如果你先说出了爱意，那将是不公平的。

面对自己认识的人或与自己干同样工作的人产生埋怨心理，认为他们赚的钱比自己多，这太不公平了。

各方面条件与你相差不多的人得到提升或重用，你却守着原来的位子没有动，于是你认为这太不公平了，他们在很多方面还不如你呢！

你的邻居买了一辆新汽车，而你还在骑那辆10年前出厂的破自行车，你认为这世界太不公平。

如果别人送你贵重的礼物，你也以同样价值的礼物回赠，企图保持相互间的平衡。

对于事情总是坚持一致性，实际上，这是一种不知变通的反映。

如果你总是希望事事都按照"公平"的方式进行，那么，你的这种心理便是呆板僵化的表现。例如：在争论问题时，总是要求最后得出结果，不是赢的一方，便是输的一方。

通过对公平的争议，达到自己的目的。譬如："你昨天晚上出去了，而我却在家里看家，如果我今天晚上出去，而你不在家看家的话，那将是不公平的。"

以别人的行为为借口，认为"他可以做，我同样可以做"，模仿别人不好的行为。或者，在高速公路上，别人的车子开在你的前面挡住了

第七章 做人厚道 做事灵活
——守恒转化力求圆通和变通的八面玲珑

你的去路，你觉得这不公平，于是故意超车拦住他的去路；晚上开车时如果会车，对方没有开近灯，你也就开远灯，这类情形是因为你要求"公平"，但是你却忘记了这是非常危险的，这是一种十分幼稚的"你打我，我也打你"的心理在作怪，这种心理的扩张必然导致一场灾难。

"要求公平"的思想和行为的最常见的原因是：

与朋友交谈时，可以参照社会上的不公平的事作为话题，这不仅可以避免谈到自己，也可以消耗时间。

你认为只要自己有公平的意念，就一定能作出公平合理的决定。

借口"不平等"，把自己的行为的责任推托给别人，这就给所有不道德、不合法或不适当的行为找到了借口。

一旦不能圆满地完成一件事时，你可以为自己找到开脱的借口，"他们都做不好，当然我也做不好。"以此自我安慰。

你可以放弃自己应尽的某些责任，借口把责任推托给那些对你来说不公平的人或事上，以便保持现状。在"他都做不到，我当然也做不到"的理由之下，你不必去冒险，也不必改变现状，这就使你处于僵化的环境。

不公平的事可以使你受注意、怜悯，使自己产生自怜。你自认为周围的人都该同情你，这就使你摆脱了对自己的责任。

在你受到人们尊敬时，会扬扬得意，你会把自己想象得比任何人都伟大，你认为这对你来说是公平的，因此，你会处处要求这种公平。

由于一切事情必须公平，那么报复行为便是对的，复仇、以牙还牙的行为便是为了公平。除了上述原因引起的种种要求公平合理的心理选择之外，还有一种借口"不公平、不平等"而产生的心理疾病，人们称之为嫉妒。

你对一切都要求公平，这会使你失去许多与人交往的机会，也许你会经常抱怨对方："这不公平！"然而这是一句很糟糕的话。既然你认为自己受到了不公平的对待，一定是把自己与别人相比较：认为别人能做的事你也能够做到，别人不该比你占优势。这样思考的结果，必然是用别人的情形来暗示自己，让别人支配自己的情绪，是别人造成了你的不悦。这便暗示着你把自己的控制权、支配权以及主权、人格统统交给了别人。

一位年轻貌美的少妇曾向人们诉说自己五年不快乐的婚姻生活。她的丈夫是物流公司的职员，因为一句话惹她生气，她便愤愤不平地说道："你怎么可以这样说，我可是从来没有向你说过这样的话。"当他们提到孩子时，这位少妇说："那不公平，我从不在吵架时谈到孩子。""你每天不在家，我却得和孩子在家看家。"她在婚姻生活中处处要公平，怪不得她的日子过得不愉快，整天都让公平与不公平的问题烦恼自己，却从不懂得反省自己，或者设法改变这种不合实际的要求。如果她对此多加思虑的话，相信她的婚姻生活会大有改观的。

还有一位夫人，她的丈夫有了外遇，使她感到万分悲痛，并且弄不明白为什么会这样。她反复地问自己："我到底做错了什么？我有哪一点儿配不上他？"她认为丈夫对她不忠实在是太不公平。终于，她也模仿自己的丈夫有了外遇，并且认为这种报复手段可谓公平，但是，同愿望恰恰相反，她的精神痛苦并没有减轻。

要求公平是把注意力集中在外界，是不肯对自己的生活负责的态度。采取这种态度会阻碍你的选择。你应该决定自己的选择，不要顾虑别人。由于社会中的每一个人的具体情况都不同，抱怨是错误的，你不

第七章 做人厚道 做事灵活
——守恒转化力求圆通和变通的八面玲珑

如积极地纠正自己的观点,把注意力由外界转向自身,舍去"他能那么做,我为什么不能跟他一样"的愚蠢想法,这才是你创造成功人生的明智之举。

我们知道了需要公平的心理,便可以寻找一些实用的方法,消除这种无效的错误心理。

避免和别人做无谓的比较,使你的目标与其他人有所区别,不要顾虑别人做过或者没有做过。

不要把任何决定看得过分关键,要将其看成是循序渐进的。

用"这真不幸"或"我宁可……"取代"这不公平!"这会使你改变对世界许多事情的想法。要接受现实,但不必证实现实。当你感到自己希望别人能像你对待他人那样对待你时,就要注意了,不要用这种要求公平的方式阻碍你与他人之间的思想沟通。

不要让别人来支配或控制你的生活或影响你的情绪,特别是在别人的所作所为并不合你的意愿的时候,这样做可以使你避免悲伤。

不必怀有欠人情或报恩的想法以求平衡,只要在你愿意的时候,随时都可以送给某人酒或其他礼物,上面附上一张纸条:"只因为我认为你是个了不起的人。"

不要为了责任或公平同情别人,凭着自己的心愿送给某人礼物,不要考虑自己收到的礼物有多贵重,是否与送给对方的相等值。由自己的意愿决定一切,不必考虑外界的影响。

记住,报复是受制于人的另一种方式,会导致你和他人的共同不幸。无论如何不要使用报复的方法,只要做你应该做的事情就行了。

把你日常生活中认为不公平的事情联系起来,思考一下,如果你为某事不公平而难过的话，这种不公平能否转变为公平呢？你能否果断地向要求公平的心理挑战呢？

一个善于变通的人，能够正确地对待自身与他人的区别，他既不会自暴自弃，盲目崇拜英雄或偶像，把任何人都想得比自己优越；也不会自负自傲，无谓地贬低他人。他不会因别人的权力、财富、地位而抱怨不公平，他愿意以自己的实力应对对手，而不愿因对手的缺陷使自己轻易地获胜。他不会计较在每件事情上是不是都公平，他只愿意自己内心的快活与充实。这才能够活得更快乐。

灵活应对各种合作者

对待不同性格的合作者，就应采取不同的方式，同时也要了解不同性格合作者的特点，现总结几种合作者：

第一，口蜜腹剑的合作者。

如果这种人与你是同级同事，合作关系又不太深、不太广的话，最简单的应付方式是故作陌生。每天上班见面，如果他要与你接近，你就以工作忙等理由马上闪开，不给他任何接近的机会，能不和他合作的话，尽量敬而远之，万一真的无法避开这种合作关系的话，你就一定要小心谨慎，话题只围绕着工作展开，不说不做任何与工作无关的事情。

如果他比你高一级，比如是你所在部门的负责人，你要假装糊涂，他让你做任何事情，你都唯唯诺诺满口答应下来。他客气，你要比他更客气。他笑着和你商量事情，你便笑着猛点头，万一你感觉到他要你做的事情太绝，你也不当面拒绝和当场翻脸，虚与委蛇是上策。

第二，吹牛拍马的合作者。

如果他是你的上一级的同事，他吹牛拍马对你没有什么危险，纵然你心里瞧不起他，但不宜表露，可适当地与他搞好关系。如果他与你同级，你就要多加小心谨防得罪他，平时见面笑脸相迎，和和气气，你好我好大家好。

如果你有意孤立他，或者找他的麻烦，他就很有可能不择手段地置你于死地。

倘若他是你的部下，你一定要冷静地对待他的故意逢迎，搞清他的真正意图。

第三，尖酸刻薄的合作者。

尖酸刻薄型的人，是在单位里较不受欢迎的一种人。他们的特征是和别人竞争时往往揭人短处，同时冷嘲热讽无所不至，让合作者的自尊心受损，颜面扫地。

这种人平常还以揭同事的短挖苦领导为乐。你不幸被领导批评了一顿，他会幸灾乐祸地说："这是老天有眼，罪有应得"。你和其他合作者发生矛盾，他会说："狗咬狗一嘴毛，两个都不是好东西"。你去批评部下，他知道了也会说："有人是恶霸，有人是天生的贱骨头"。

尖酸刻薄的人得理不让人，无事生非，由于他的这种行事作风，在单位是不会有任何知心朋友的。他之所以能够暂时生存下来，是因为别人不愿意搭理他。若某天遭到天怒，定遭报应。

如果这类人是高你一级的合作者，你最好走为上策，但在事情还没有眉目之前，千万别让他知道，否则，他会予以打击。如果你们两个是同级合作者的话，最好的办法是和他保持距离，不要惹火上身，万一吃了亏，听到一两句刺激的话或闲言碎语，就装聋作哑，没听见，切不可轻易动怒，否则会搞得很惨。

若他是你的部下，你得稍微多花点时间和他聊聊天，讲些人生的积极的一面，告诉他做人厚道仁义自有其好处。或许你付出的爱心和教诲，有时会有份意想不到的收获。

第四，雄才大略的合作者。

这类同事胸怀大志，眼界广阔，不会斤斤计较。他们在工作时，时刻不忘充实自己并广结善缘。除了完成自己的工作外，他们还不会忘记帮助与他合作的人。每到一个地方，无论他是否待很久，或成为集体中的正式领导，他都会发挥重大的影响。

雄才大略的人，见识往往异于常人，思维方式颇具特色，他在时机不成熟时可以长期忍耐，无论是卧薪尝胆或是忍辱负重，他都能欣然接受。

但是，时机一旦成熟，他会一鸣惊人，没有人能与之争锋。当然，不是每一个有雄才大略的人都能成就大事。但是，做人处世不卑不亢，不急不躁是他的本色。

如果他是你的主管，你应该庆幸自己是跟对了人。要虚心的向他学习，搞好关系，否则到最后要别人都受益匪浅而你却两手空空。若是同级，利益一致的话，大可共创一番轰轰烈烈的事业，若其有自己的打算，也不勉强。大可各自发展，各得其所。

第七章 做人厚道 做事灵活
——守恒转化力求圆通和变通的八面玲珑

若以上都行不通的话，你可以尽力帮助他，自己将来多少也留下识才的美名。

若他是你的部下，你应有自知之明，要知道日后他一定会超过你。你应该虚心地接纳他，给他实质性的帮助及肯定。这也是一种投资，到时候是一定有利的。

第五，愤世嫉俗的合作者。

愤世嫉俗类型的人对社会上的不良风气非常地看不惯，认为社会变了，人心不古，世风日下，快活不下去了，并把自己的这种情绪带到工作当中来。

和这类同事合作，有其好的一面，因为如果他们对单位的某些制度、福利有意见时，往往会冲到最前面为大家谋些利益，而不惜牺牲自己。

但千万要注意，倘若你的某些行为或所具备的气质引起他的忌恨，那么，他会处处跟你过不去。这种人最大的特点就是爱走极端，所以，对付愤世嫉俗类型的合作者最好敬而远之，睁只眼闭只眼算了。

第六，踌躇满志的合作者。

踌躇满志的人，事事都有主见。他之所以踌躇满志，是因为一直处于一种极顺的状态之下，使他不曾吃过失败的苦头，因此，也不怕失败，这种合作者不会随便接受别人的意见。如果你聪明的话，在没有利害冲突的情况下，不要与他计较。

如果他是你的主管，那么，你在他面前不要乱出点子，尽管照着他的意思去做，他会把他的意思明白地告诉你。因为他怕你笨，所以他会多下功夫。最后，再问你一次，懂了吗？等你回答懂了，他才放心。

有时，他也会很有礼貌地问你一下，对他的看法有没有意见？此时你要做的就是立即肯定。你若稍有犹豫或再多问上两句，都会被他小瞧几分。

和同级的此类同事相处，不能太顺着他，只有让他受到点教训，才能真正地改变及帮助他。

对这种类型的部下，要交给他一些极富挑战性的工作做。成功了，也不说什么，失败了，让别人去做，要让他明白人外有人，天外有天。

第七，佯装无能的合作者。

佯装无能的人可能看起来很笨，连一些很简单的事都干不了，看得你都想过去帮他一把。

实际上，这恰恰中了他的计，他这一切只不过是"做戏而已"，目的在于偷奸耍滑，只要能不干就不干，以虚心请别人帮忙的态度把自己分内的事推脱给别人做，即使出了事，也是别人的责任。

对待这类合作者的请求，你应该委婉的拒绝，因为这种帮助是毫无止境的，有了第一次就会有第二次，第三次……，没完没了，到头来只能影响到自己的事情。所以，你应该对他说："对不起，我也很忙。"当然语气要自然而坦诚，他碰了一次"软钉子"后自然会知趣地走开。

不懂规矩，寸步难行

法律规则、规章制度等成文的正式规矩是占有主导地位的人们制定

第七章　做人厚道　做事灵活
——守恒转化力求圆通和变通的八面玲珑

的，因而势必也就反映了他们的利益。虽然，任何规矩，都不会让每个人都感到满意，但你要在某种规矩所约束的范围内行事，你就必须遵守那里的规矩。老话说，没有规矩，不成方圆。否则，你就进入不了那个范围内的主流社会。

例如，各种体育项目，其规则都与这种项目起源于哪个民族的身体特征有关。现代足球起源于欧洲，因此，对亚洲人来说，足球场的场地太大，比赛时间太长，竞争太激烈。而对身材高大的西方人来说，乒乓球的桌子又太矮太小了。但在奥运会和其他国际比赛中，不论是什么球，也不论它是适合于东方人还是适合于西方人，都只能制定和遵守一个统一的规则。

再如，世界各国的语言文字，都不一样。但是，不论你的母语是什么，也不论你是什么人，你要用英语，就必须按英语的规矩使用英语；同样，你要用汉语，就得按汉语的规矩使用汉语。

同样，你还可以用自己的方法研究数学、物理、化学，可以不使用那些稀奇古怪的语言和符号。也可以取得成果，甚至是惊人的成果，就像古人和今日的某些土专家一样。但如果没有人给你当"翻译"，把你的那套语言译成规范语言，你也进不了科技界的主流。

各种各样的活动都是如此，所以，如果你想加入某个行业的主流，你也就必须遵守这个行业的规则。如果你想加入世界主流，首先得遵守国际通行的规则。这是大家必须遵守的规则，我们只能用同一规则来要求自己。

一位中国学者第一次到美国图书馆去查阅资料，发现了一个有趣的现象，那就是书架上写着："阅读完毕千万不要把书放回原处"。开始他

做人圆通　做事变通

以为是管理员粗心，多写了一个"不"字，后来发现每一排书架上都用大字写着这样的警示牌，才知道是这里的规矩与中国不同。

学者喜欢思考，对感到奇怪或有趣的事情便会不知不觉地思考起来。

这位中国学者说，从他在中国去过的不少图书馆的阅读习惯和管理制度看，读者看完书后把它放回原处应当是十分合理的，举手之劳，图书管理人员也省去很多麻烦，岂不两全其美？美国的读者随便到书架上拿书，读完后放在书桌上，由管理员来整理上架，岂不是太辛苦管理员了！这是为什么呢？通过一番斟酌，他想到了这样一些原因：

其一，美国图书馆人员的思维和习惯与我们完全是相反的，读者是服务对象，"把书放回原处"不是读者的责任。

其二，读者对图书排列规律不十分清楚，即使很小心，也有可能把图书放错，会带来不必要的麻烦。

其三，读者干了管理人员应该干的工作，会造成管理人员的懈怠，形成懒散习惯。他认为，第三条恐怕是最主要的。通过观察，他发现在美国图书馆从来都见不到有一个工作人员在闲聊、看书，每一个人都在不停地工作，或整理新上架的书，或帮助新读者找书，或用电脑整理资料。

后来，他在美国待的时间长了，发现不仅图书馆的人如此，其他地方的人也是这样。公共汽车司机同时也是售票员和监票员，还是社会秩序的自然维护者。大街上从邮箱里取信的邮递员同时也是邮政车的司机。每一个人都在高效率地办事情。有了这些背景，他认为他终于理解了"阅读完毕千万不要把书放回原处"的规矩。

入乡随俗，各地有各地的规矩。这些规矩不但让人们办事有章可循，而且也培养了不同素质的人。看来，我们不但要多立一些规矩，进一步学会讲规矩，而且对自己现有的规矩要多多斟酌，看看它们哪些是有利于办事育人的，哪些是不利于做事有成的。

好习惯是成事的法宝

风气、习惯对一个人来说也是一种规矩，而且是一种不用督促就自觉遵守的规矩。

没有任何管理体制能够强迫人们去做他们不想做的事情，所以最基本的原则是创造一种环境，使人们热心于有益的事情而不会因繁文缛节和不必要的负担而遭受挫折。当人们日复一日、年复一年地从事有益的事情时，他们不但会取得成就，而且会养成许多遵纪守法讲道德的好习惯。

中国入世首席谈判代表龙永图曾经讲过这样一件事：

一次在瑞士，他和几个朋友去公园散步，上厕所时，听到隔壁的卫生间里"砰砰"地响，他有点纳闷。我出来后，一个女士很着急地问他有没有看到她的孩子，她的小孩进厕所十多分钟了，还没出来，她又不能进去找，他想起了隔壁厕所中的响声，进去打开厕所门，看到一个七八岁的小孩正在修抽水马桶，怎么弄都冲不出水来，急得满头大汗。

做人圆通　做事变通

那个小孩觉得他上厕所不冲水是违反了规则。这就是一种社会责任感，一种遵守规则的习惯，这样的品质非常可贵。

这种好的道德习惯，在西欧各国表现得尤为普遍：近一百年来，瑞士没有丢过一棵树。高速公路上堵车，一寸一寸地往前挪动，慢得令人不耐烦，但是没有任何车脱队超前。不需要警察的监督，不需要罚规的威吓，不需要红绿灯的指示，每一个人都遵守着同一个"你先我后"的原则。这是一种在社会中个人与个人、个人与群体之间的很简单的原则，很基本的默契。然而它却是非常难得、非常重要的，这种秩序是唯一能使大家都获得应有利益的方法，也是一种长期积累的结果，是来自内心的道德命令。

道德命令诚如保罗·蒂利希所说，"是命令一个人成为他可能成为的人，成为人类社会中的一个人"。因此，道德并不是对外在法律的服从，不管这种外在法律是来自教会的还是国家的，道德乃是号召每一个人要成为他所预定要成为的那样，这就是说，要成为一个完全自由和负责的人。

据说英国著名哲学家、数学家罗素曾经做过一个十分幽默的比喻：我们可以这么说，动物的实验行为取决于实验者的想法，甚至取决于实验者的国籍。比如，美国人研究的动物，就会慌慌张张地乱跑乱撞，直到碰巧完成实验者预定的行为为止。反之，德国人研究的动物，就会安静地坐着思考，直到后来整理出头绪，找到实验者希望的答案为止。这真可谓极富理性的人"培养出了"极富理性的动物。不过，在守秩序、讲卫生方面，欧洲还有比德国人更有过之而无不及的国家。比如，瑞典人的卫生习惯，连德国人都受不了。

据称，去外国友人家做客，最难应对的便是他们的宠物狗。它张牙舞

第七章 做人厚道 做事灵活
——守恒转化力求圆通和变通的八面玲珑

爪，对你狂吠，待坐稳后，又常常围着你闻闻嗅嗅，东张西望，你弄不明它是拉近乎还是想趁机攻击你。但不管怎样，即使是战战兢兢心里发毛，你也得保持外交家风度，故作友善地摸摸狗头，顺顺狗毛，甚至允许它舔舔你的手。这时主人常常会喜笑颜开，夸你融入他们的大家庭了。

外国友人这样喜欢他人对自己的宠物表示亲热，但你不能因此而弄错了对象。有一次，一位中国姑娘被外国同事邀请到她家的别墅去玩，那里没有狗，只有友人的一个4岁男孩，蓝蓝的眼睛，红红的嘴唇，很招人喜爱，这位中国姑娘不由自主地在他头上轻抚。没想到，那孩子却怒目相对，大声抗议道："你不是我妈咪，别动我的头。"回来后这位中国姑娘颇为委屈地向一位中国好友谈及此事，好友不但没有表示同情，反而说她真幸运，因为那家人没有控告她。她说她的一位男性朋友因为摸了一个六岁女孩的头，被家长告到法院说是性骚扰。原来小孩子的头发如太岁头上的土，是断然动不得的。一些中国学生到幼儿园去当教师，也有这样的遭遇。

西方民族对他人的防范戒备心理强，这使得他们的小孩不像中国小孩那样不但允许他人亲热地抚摸拥抱，反而会为这种抚摸感到开心。西方人来到中国，曾对这种现象惊讶不已，就像我们对摸一下西方孩子的头会引起那么大的反应而感到惊讶一样。这种差异，认真分析起来，可以说是中国文化的一种骄傲，因为它表明中国文化是一种爱好和平、对人友善的文化。这种文化代代相传，竟然成了一种可以遗传的基因，从而使刚出生不久的孩子对他人一般没有什么防范戒备心理。但我们爱好和平，对人友善，不等于他人也是这样，所以，同他人保持一定的距离，也是必要的。

像法律一样，规矩也要尽可能地正式化、程式化。但由于事物的复杂性和人们已有认识成果——各种现成理论的局限性，习惯也是一种应该尊重和遵守的规矩，如人们常说的国际惯例，就是不能轻易违背的。更为重要的是，好习惯还是一种法宝，有人认为，重视习惯在日本现代化过程中始终是一把利器和法宝。

当今世界，人们都很重视企业文化、校园文化、机关文化、军队文化的建设，这种文化建设，对一个具体的企业、学校、机关、军队来说，也就是他们自己的规矩。这种规矩，有的是制度化的，也有的只是大家的一种习惯，也就是人们常说的厂风、校风、班风、军容风纪。这种习惯，没有强制约束力，但人们总是自觉不自觉地遵守着，其力量可以说是强大无比的。往往就是这样形成的。它们并没有什么与众不同的规章制度，在很多情况下还不允许它们有与众不同的规章制度，但它们有一些独特的好传统、好习惯，所以它们也就非常优秀，而且很难被企业单位等所效仿。同样，成功人士绝大多数也都有自己的办事原则，这种个人的原则，实际上也就是个人的习惯，个人的规矩。

放弃就是跨越

许多的事情，总是在经历过以后才会懂得。一如感情，痛过了，才会懂得如何保护自己；傻过了，才会懂得适时地坚持与放弃，在得到与

第七章 做人厚道 做事灵活
——守恒转化力求圆通和变通的八面玲珑

失去中我们慢慢地认识自己。其实，生活并不需要这么些无谓的执着，没有什么就真的不能割舍。学会放弃，生活会更容易。

学会放弃，在落泪以前转身离去，留下简单的背影；学会放弃，将昨天埋在心底，留下最美的回忆；学会放弃，让彼此都能有个更轻松的开始，遍体鳞伤的爱并不一定就会刻骨铭心。这一程情深缘浅，走到今天，已经不容易，轻轻地抽出手，说声再见，真的很感谢，这一路上有你。

每一份感情都很美，每一程相伴也都令人迷醉。是不能拥有的遗憾让我们更感缱绻；是夜半无眠的思念让我们更觉留恋。感情是一份没有答案的问卷，苦苦的追寻并不能让生活更圆满。也许一点儿遗憾，一丝伤感，会让这份答卷更隽永，也更久远。

收拾起心情，继续走吧，错过花，你将收获雨；错过他，我才遇到了你。继续走吧，你终将收获自己的美丽。

谁说喜欢一个人就一定要和他在一起。有时候，有些人，为了能和自己所喜欢的人在一起，他们不惜使用"一哭二闹三上吊"这种最原始的办法，想以此挽留爱人。也许这能留住爱人的人，但是这却留不住他的心。更有甚者，为了此而赔上了自己那年轻而又灿烂的生命，可能这会唤起爱人的回应吧，但是这也带给了他更多的内疚与自责，还有不安，从此快乐就会和他挥手告别。其实喜欢一个人，并不一定要和他在一起，虽然有人常说"不在乎天长地久，只在乎曾经拥有"，但是并不是所有的人都会快乐。喜欢一个人，最重要的是让他快乐，因为他的喜怒哀乐都会牵动你的心。所以也有这样一句话"你快乐，所以我快乐。"因此，当你喜欢一个人时，暗恋也不失为上策。

做人圆通　做事变通

有一首歌这样唱道:"原来暗恋也很快乐,至少不会毫无选择""为何从不觉得感情的事多难负荷,不想占有就不会太坎坷""不管你的心是谁的,我也不会受到挫折,只想做个安静的过客。"所以,无论是喜欢一样东西也好,喜欢一个人也罢,与其让自己负累,还不如放轻松地面对,即使有一天放弃或者离开,你也学会了平静。

喜欢一样东西,就要学会欣赏它,珍惜它,使它更弥足珍贵。

喜欢一个人,就要让他快乐,让他幸福,使那份感情更真挚。如果你做不到,那你还是放手吧,所以有时候,人们无论感情上、生活上、工作上都要学会放弃、学会变通,因为放弃也是一种跨越。

生命和死亡一直是一个很沉重的话题,不像爱情那么美好,下面是一个人诉说的发生在他身上的故事:

"第一次面对死亡是在4岁时,爷爷逝世,第一次感到在生死之间我们真的是无能为力的,生命在那时告诉我的就是人类的渺小和卑微,没有我们能够留住的东西,几十年的生命都留不住,更不要说稍纵即逝的一种感觉。

"20岁那年,长期的生病,那整整一年的时间,亲情一层一层地把我跟外面隔离。在我昏迷了两天之后被救了过来,醒来的时候,我看见的是一个洁白的世界和那么多带着泪水的笑脸,很多亲人、同学都围在我的身边,那是我第一次看见我刚强的父亲抱着我痛哭,父亲的憔悴,母亲的悲痛欲绝,奶奶的病倒,我在那一刹那明白了生命其实不是我一个人的。

"活着,是一种责任,对每一个爱我的人来说,活着就是对他们最根本最完整的报答,生命不是我们自己的,没有权利选择生的我们也没

第七章 做人厚道 做事灵活
——守恒转化力求圆通和变通的八面玲珑

有权利选择死，那里不仅仅是因为道德良知，最重要的就是要有爱，爱自己，爱别人，这才是生命的意义。

"同时我也知道生命是顽强的，在我一次一次摧残它的时候，它一如既往宽容地接纳了我，对生命，我有了一种感激。

"真正让我感到生命的脆弱是在去年，我也体会到了顽强的毅力更重要，那时我唯一的侄儿在出世时就注射的预防天花的疫苗没有生效，在几十万分之一的概率里被感染了，那时，他才不满3周岁，很小很小的一个孩子，那是炎热的夏季，医生说：主要的还是要靠他自己的免疫能力，他的浑身上下一直到嘴唇和舌头里都长满了水泡，不能吃饭，不能说话，也不能哭，泪水会软化面部的水疱，如果水疱破了，感染到细菌了，就容易感染白血病；还不能发烧，如果烧到40度就伤到脑神经了。

"我们耐心地跟他说这些道理，不到3周岁的他竟然能够懂，他不哭，他的泪水满了眼眶就自己用手帕拭去，他还要忍着痛吃饭，增强体质，整整三个月，我们就守着他，因为水疱很痒，怕他不小心自己用手抓破了。那时，白血病像一个魔鬼似地围绕在我们的心头，令我们担忧，对生命，我们充满了愤怒，上天竟然将如此剧痛降临在一个婴儿身上，这真是不公平，而我们竟然无能为力。

"那些日子，全家所有的人都近乎崩溃，我们都哭，可他连哭的权利都没有，他就那么用他小小柔弱的身体熬受着，终于走了过来。

"就是这个孩子，他让我为自己曾经的做法而惭愧，我也是从他的身上感受到了当年在病榻前亲人的心情，那一种痛是钻心的，从他的身上我懂得了要珍惜生命，因为我看到了他的坚强，他让我在今天写下这件事的时候，仍是悲痛万分，因为生命的来之不易。

"生命是那么的脆弱，战争、疾病、车祸、事故、伤害，每天都有那么多向往阳光和空气的人在无辜地接受死亡，那是一种不得已，而我们能够平安地生活在自己的家园里，享受着家人带来的温暖，我们还有什么理由放弃生命呢？

"再去看看那么多贫困的地方，那些难民以及很多连温饱都解决不了的人们，他们顽强不屈地和死亡斗争着。还有我们身边的很多人，那些在烈日下出卖廉价劳动力的车夫们，拖儿带女，生命都是一样的，没有贵贱之分，他们不是苟且偷生，他们是认真地对待生命的。相比之下，我们却是那么的懦弱和贪婪，我们漠视生命的尊严。"

生命原本是简单的，很多东西我们要学会放弃，包括死亡。

能够放弃就是一种跨越，当你能够放弃一切做到简单从容地活着的时候，你就走出了生命的低谷。

识时务者为俊杰

"识时务者为俊杰"这句至理名言，历来被认为有逃避、变节的嫌疑，其实不然。小到个人的自我设计，大到国家的大政方针，随着内部条件和外部环境的变化，难免要作出调整、改变，甚至于不得不放弃。

美国有一个28岁的年轻人叫霍华斯。他在美国纽约的一个偏僻的

第七章 做人厚道 做事灵活
——守恒转化力求圆通和变通的八面玲珑

小镇,开了一家引人注目的商店,招牌上写着:"5美分之家"。店内陈列着琳琅满目的日用小商品,从廉价的帽子、袜子、鞋子,到皮带、纽扣、针线,凡是大百货公司不经销而居民又十分需要的小商品,应有尽有。这些小商品一律售价5美分。"5美分之家"开张以后,门庭若市,很快就卖光了所有商品。不到两年,霍华斯用赚的钱又开了5家连锁店,这5家"五美分之家"又先后获得成功。10年之后,他开设了25家商店,年营业额突破百万美元大关。

霍华斯的胜利,在于他善于分析体会人们的消费心理,掌握市场行情的需要。霍华斯年轻的时候,曾在一家衣料商店当学徒。在实践中他体会到,人们对廉价出售的商品感兴趣;此外,一位数字的价码比十位数字以上的价码更能吸引顾客。为此,他办了"5美分之家",取得了成功。

美国还有一个企业家,名叫罗拔士。他生产经营的"椰菜娃娃"玩具,销路很好,差不多走遍了世界。罗拔士成功的原因也是十分关注市场动向和需求变化。随着现代化的进程,美国社会的人际关系,危机不断;家庭关系,浊流汹涌。过高的离婚率,给儿童造成心灵创伤,父母本身也失去感情的寄托。因此,儿童玩具逐渐从"电子型"、"益智型",向"温情型"转化。发现这一发展态势之后,罗拔士设计了别具一格的"椰菜娃娃"玩具。"椰菜娃娃"意谓"椰菜地里的孩子",千人千面,有不同的发型、发色、容貌、服装、饰物,正好填补了人们感情的空白,销售额大增。仅1984年圣诞节前的几天内,就销售了250万个"椰菜娃娃",销售金额达4600万美元。1984年一年,他的公司销售额就超过了10亿美元。

做人圆通　做事变通

聪明的竞争者，会时时刻刻密切注视时势的现状和变化态势，掌握时代的脉搏，发现客观的需要，寻找得胜的时机，将自己的行为建立在扎实可靠的客观基础上，做出相应的调整改变，甚至放弃，使自己立于不败之地。

第八章

做人简单　做事三思
——前后排列迸发圆通和变通的无比威力

人生如棋，一味冲撞的是阵前卒子，动辄倾尽身家性命。唯有将帅之风者才知道何时该冲锋陷阵，何时该韬光养晦。做人处世须知过刚则易折，骄矜则招祸，应以忍辱柔和为妙方，刚柔并济，进退有度。所以，做人要简单一些，做事则要三思而后行。这样，我们才能在前后排列中迸发出圆通和变通的无比威力。

做人圆通　做事变通

谋定后动让你从容不迫

做事能够三思而后行，谋定后动，就可以避免很多麻烦，也可以少走一些冤枉路。选择正确，才能从容不迫、做得正确。做任何事情，有了周密的安排，然后按部就班地去做，就能应付自如，不会手忙脚乱，才能像谢安那样，在淝水之战的紧张时刻，还保有下棋的闲情逸致；才能拥有"泰山崩于前而色不变、麋鹿兴于左而目不瞬"的沉稳。

《孙子兵法》中有一句话极其深刻，即"多算胜，少算不胜，而况与无算乎？"它告诉我们这样一个道理：做任何事之前，必须先在脑中谋算清楚才好出手，切忌盲目冲动，不能毫无计划地蛮干。再者，还要注意"多算"与"少算"的关系——越充分谋划，越周密推算，越能赢得胜利；反之，就可能招致惨败。做事之时，我们必须明白"谋"字的重要性，即不谋事无以成事。

汉高帝刘邦在平息了梁王彭越的叛乱和杀死韩信后不久，曾为汉朝天下的建立作出重大贡献的淮南王英布兴兵反汉。刘邦向文武大臣询问对策，汝阳侯夏侯婴向刘邦推荐了自己的门客薛公。

汉高祖问薛公："英布曾是项羽手下大将，能征惯战，我想亲率大军去平叛，你看胜败会如何？"

第八章 做人简单 做事三思
——前后排列迸发圆通和变通的无比威力

薛公答道:"陛下必胜无疑。"

汉高帝道:"何以见得?"

薛公道:"英布兴兵反叛后,料到陛下肯定会去征讨他,当然不会坐以待毙,所以有三种情况可供他选择。"

汉高帝道:"先生请讲。"

薛公道:"第一种情况,英布东取吴,西取楚,北并齐鲁,将燕赵纳入自己的势力范围,然后固守自己的封地以待陛下。这样,陛下也奈何不了他,这是上策。"

汉高帝急忙问:"第二种情况会怎么样?"

"东取吴,西取楚,夺取韩、魏,保住敖仓的粮食,以重兵守卫成皋,断绝入关之路。如果是这样,谁胜谁负,只有天知道。"薛公侃侃而谈,"这是第二种情况,乃为中策。"

汉高帝说:"先生既认为朕能获胜,英布自然不会用此二策,那么,下策该是怎样?"

薛公不慌不忙地说:"东取吴,西取下蔡,将重兵置于淮南。我料英布必用此策——陛下长驱直入,定能大获全胜。"

汉高祖面现悦色,道:"先生如何知道英布必用此下策呢?"

薛公道:"英布本是骊山的一个刑徒,虽有万夫不当之勇,但目光短浅,只知道为一时的利害谋划,所以我料到必出此下策!"

汉高帝连连赞道:"好!好!英布的为人朕也并非不知,先生的话可谓是一语中的!"

汉高帝于这一年(公元前196年)的10月亲率12万大军征讨英布,他戎马一生,南征北战,也深谙用兵之道。双方的军队在蕲西(今安徽宿县境内）相遇后，汉高帝见英布的军队气势很盛，于是采取了坚守不战的策略，待英布的军队疲惫之后，金鼓齐鸣，挥师急进，杀得英布落荒而逃。英布逃到江南后，被长沙王吴芮的儿子设计杀死，英布的叛乱以失败而告终。

汉高帝在战前听取谋士的意见，懂得对决定战争胜负的各种条件进行充分的谋划计算，料敌在前，作出正确的决策，所以能在战争中避免失误而稳操胜券。而英布虽然有万夫不当之勇，却目光短浅，不懂得深谋远虑，只顾一时利益、安稳，自然被刘邦打得落花流水，只能成为手下败将。

"不谋全局者不足以谋一域，不谋万世者不足以谋一时"。人活着，不论是在生活还是工作上，都会不断地遇到新的问题，在处理问题时，如果凡事不动脑筋先想一想，在没有充分考虑有利条件和不利条件的情况下就莽撞行事，必然碰壁，遭遇挫折，甚至留下后患。而如能事先全面考量，做到心中有数，计划周全，就容易完美解决问题。所以说，凡事应三思而后行，不谋事无以成事。

世事如棋，三思而后行

俗话说人心难测，社会上充满了各种各样的陷阱，一招不慎可能就万劫不复了。做人处世应该三思而后行，尽量让自己的计划周详，这样

第八章 做人简单 做事三思
——前后排列迸发圆通和变通的无比威力

才能避免失败。适当的忍耐和柔顺是必要的，这是为了避免不必要的麻烦和牺牲，也是为了最终达到自己的目的。

明朝嘉靖时期，奸臣严嵩受到皇帝的宠信，一时权势熏天，在朝中对不顺从他的大臣横加迫害，很多人都对他敢怒而不敢言，许多有志之士更是把推翻严嵩当做目标。

当时严嵩任内阁首辅大学士，而徐阶也是内阁大学士，他在朝中很有名望，严嵩就多次设计陷害他。徐阶装聋作哑，从不与严嵩发生争执，徐阶的家人忍耐不住，对徐阶说："你也是朝中重臣，严嵩三番五次害你，你只知退让，这未免太胆小了，这样下去，终有一天他会害死你的。你应当揭发他的罪行，向皇上申诉啊。"

徐阶说："现在皇上正宠信严嵩，对他言听计从，又怎么会听信我的话呢？如果我现在控告严嵩，那么不仅扳不倒他，反而会害了自己，连累家人，所以这事绝不可莽撞！"

严嵩为了整治徐阶，就指使儿子严世蕃对徐阶无礼，想激怒他，自己好趁机寻事。一次，严世蕃当着文武百官的面羞辱徐阶，徐阶竟是没有一点怒色，还不断给严世蕃赔礼道歉。有人为徐阶打抱不平，要弹劾严嵩，徐阶连忙阻止，他说："都是我的错，我惭愧还来不及，与他人何干呢？严世蕃能指出我的过失，这是为我好，你是误会他了。"

徐阶在表面上对严嵩十分恭顺，他甚至把自己的孙女嫁给严嵩的孙子，以取信严嵩。后来，直到嘉靖四十一年（公元 1562 年）邹应龙告发严嵩父子，皇帝逮捕严世蕃，勒令严嵩退休。徐阶还亲自到严嵩家安慰。这一行动使得严嵩深受感动，叩头致谢。严世蕃也同妻子乞求徐阶为他们在皇上面前说情，徐阶满口答应。

做人圆通　做事变通

徐阶回家后，他的儿子徐番迷惑不解，说："严嵩父子已经获罪下台，父亲应该站出来指证他们了。父亲受了这么多年委屈，难道都忘了吗？"

徐佯装十分生气，骂徐番说："没有严家就没有我的今天，现在严家有难，我负心报怨，会被人耻笑的！"严嵩派人探听到这一情况，信以为真。

严嵩已去职，徐阶还不断写信慰问。严世蕃也说："徐老对我们没有坏心。"殊不知，徐阶只是看皇上对严嵩还存有眷恋，皇上又是个反复无常的人，严嵩的爪牙在四处活动，时机还不成熟。他悄悄告诉儿子："严嵩受宠多年，皇上做事又喜好反复，万一事情有变，我这样做也能有个退路。我不敢疏忽大意，因为此事关系着许多人的生死，还是再看看情况定夺的好。"

等到严世蕃谋反事发，徐阶密谋起草奏章，抓住严嵩父子要害，告严嵩父子通倭想当皇帝，才使得皇上痛下决心，除掉严嵩父子。

徐阶不逞匹夫之勇，默默忍耐，以柔顺的表面保全自己，终于等到时机扳倒了严嵩父子。

没有十足的把握就不动手，徐阶的做法可谓谨慎有加。正因为他能忍辱负重，示敌以弱，才能在严嵩的步步紧逼下化险为夷，最后抓住机会一举歼敌。

我们做人处世也应该谨慎小心，不能争一时之气，急躁冒进，否则只会撞得头破血流。

第八章 做人简单 做事三思
——前后排列迸发圆通和变通的无比威力

谨慎是做人处世的秘诀

刚正直爽的确会受人敬重，可是往往也会不利于人际交往和成就大业，所以能控制自己的脾气和冲动，才会赢得最后的胜利。特别是我们经常会遇到一些对我们的事业有重大影响力的人，而这些人有的又会很多疑，如果不能谨慎小心的话，可能就不会令他信任自己，那么很多好的发展机会也就会随之溜走了，严重的话可能还会带来祸患。

东晋明帝时，温峤在朝中掌握机要，深得明帝的器重。

大将王敦领兵在外，有反叛之心。他知道温峤十分有才干，担心温峤会对自己不利，于是请求明帝让温峤到他的军营任职。

温峤到军营后，王敦想拉拢他入伙，就对他说："你有胆有识，应当干大事业，如果有这样的机会，你会放弃吗？"

温峤早已看出王敦早有谋反之意，他明知王敦是在试探自己，却表现得十分痛快，连声说："你是做大事的人，正因为这样，我才乐意跟从你啊。有机会建大功，请不要忘了我。"

王敦十分满意，以为温峤和自己是一条路上的人，对温峤也不严加戒备了。

温峤稳住了王敦，但还是不失时机地规劝他为国尽忠。王敦毫不在意，温峤于是放弃努力，他对自己的心腹说："王敦反意已决，不可再劝了。我现在只能处处小心，否则一定会遭他毒手。"从此以后，温峤开始极力巴结王敦，说他有不凡之相。无论王敦说什么，温峤都极力附和，从无一句反对的言语，这让王敦更加地信任他。温峤的心腹劝温峤逃跑，对他说："你在这里受尽委屈，稍有不慎就有杀身之祸，不如一走了之。"

温峤说："王敦派人监视我，我哪里跑得掉呢？即使我有逃跑的机会，也有可能被王敦抓回来。何况他现在还没有公开叛变，我逃出去也会被他加上罪名，反而不被朝廷所信任，我不能不慎重啊。"

温峤仍然忍耐着，又和王敦手下的死党钱凤交往。他夸奖钱凤智勇双全，有事无事都和他把酒言欢。不长时间，钱凤就视他为知己，对他另眼相看。

后来，丹杨知府一职空缺，钱凤推荐温峤继任，利用这个机会，温峤才脱离王敦的掌握，顺利回到京都。他将王敦意欲谋反的消息奏报给朝廷，使朝廷有了充足的防范时间，最终平定了王敦的叛乱。

在实力不如对手时，忍耐和取信于对方是很有效的办法，可以让对手放松警惕，从而取胜。在工作生活中，适时的隐忍也有助于人际关系的和缓。当实力不如对方时，不妨默默忍耐，静候时机。

至少要有七成胜算才可行事

《孙子》中说："多算胜，少算不胜，由此观之，胜负见矣。"这里的"算"是指"胜算"，也就是制胜的把握。胜算较大的一方稳操胜券，而胜算较小的一方则难免见负。又何况是毫无胜算的战争更不可能获胜

第八章 做人简单 做事三思
——前后排列迸发圆通和变通的无比威力

了。因而,稳中求胜就显得更为重要了。

战术要依情势的变化而定,整个战争的大局,必须有事先充分的计划,战前的胜算多,才会获胜,胜算小则不易胜利,这就是稳中求胜的道理。如果没有胜算就与敌人作战,那就失了稳的要义了。因此,若居于劣势,则不妨先行撤退,待敌人有可乘之机时再作打算。无视对手的实力,强行进攻,有悖稳妥之道,无异于自取灭亡。

凡事不要太过浮躁,一旦大意轻敌,将陷入无法收拾的可悲境地。这个道理在中外历史上屡屡应验。如日本在第二次世界大战时偷袭珍珠港,美军毫无防备,结果太平洋舰队几乎全军覆没。而日本当时胜算可谓极小,却仍然不顾一切地发动战争,其后果当然可想而知了。日本人自古以来便以此种冒险式的"玉碎战法"而自我炫耀,不求稳妥,故多有败绩。

这种倾向在其现代企业经营策略之中亦极明显。虽然从某个角度来看,这种"拼命三郎"的经营形态在一定程度上造就日本经济的繁荣,但是这种做法只适用于基础的建立,却难以持续发展下去,没有把握的战争不可能一直侥幸获胜,终究会碰到难以克服的障碍。因此,当我们要开创事业,或者拓展业务时,最好还是有制胜的把握再动手。

在任何时代任何国家,有资格被尊为"名将"的人,都有个大原则,即不勉强应战,或者发动毫无胜算的战争。如三国时期的曹操便是一例。他的作战方式被誉为"军无幸胜"。所谓的幸胜便是侥幸获胜,即依赖敌人的疏忽而获胜。实际上,曹操的制胜手段绝非如此,而是确实掌握相当的胜算,依照作战计划一步一步地进行,稳稳当当地获取胜利。

做人圆通　做事变通

　　虽说要把握胜算，然而经济活动是人与人之间的战争，所以不可能有完全的胜算。因为其中包含着许多人为的因素，诸如情感因素在内，所以不可能有完全的胜算，无法确实地掌握。不过，至少要有七成以上的胜算，才可计划行事。

　　而要做到有把握，就必须知彼知己。话虽然很容易理解，实际做起来却颇难。处于现代社会中的人，均应以此话来时时提醒自己，无论做何种事均应做好事前的调查工作，确实客观地认清双方的具体情况，才能获胜。

　　人生有时候还是需要运用"不败"的战术来稳固现况。就像打球一样，即使我方遥遥领先，仍须奋力前进，掌握得分的机会。荀子说："无急胜而忘败。"即在胜利的时候，别忘了失败的滋味。有的人在胜利的情况下得意忘形，麻痹大意，结果铸成意想不到的过错。须知"祸兮福之所倚，福兮祸之所伏"，在任何情况下，都要预先设想万一失败的情况，事先准备好应对之策。

　　拿企业经营来讲，一个企业在从事经营时，必须事先设想作最坏的打算，拟好对策，务必使损失减至最低限度。如此一来，即使失败了也不会有致命的伤害，这一点至关重要。就个人来讲，如果有了心理上的准备，情绪上就会放松，遇到问题也会稳稳当当地解决。

第八章 做人简单 做事三思
——前后排列迸发圆通和变通的无比威力

步步为营步步赢

即使自身具备再优越的条件，一次也只能脚踏实地地迈一步。这是十分简单的道理，然而，很多初入社会的年轻人，在步入社会后，却把这么简单的道理忘记了。他们总想一步登天，恨不得第二天一觉醒来，摇身一变成为比尔·盖茨一样的成功人物。他们对小的成功看不上眼，要他们从基层做起，他们会觉得很丢面子，他们认为凭自己的条件做那些工作简直是大材小用。他们有远大的理想，但又缺乏踏实肯干的精神，最终只能四处碰壁。

任何一个人的成功都不是靠空想得来的，只有踏踏实实一步一个脚印地去尝试、去体验，才能最终取得成功。不管你拥有过怎样知名学府的毕业证书，也不管你获得过怎样高的奖励，你都不可能在踏出校门的第一天就获得百万年薪，更不可能开上公司所配的高及跑车，这些都需要你踏踏实实地去干，去争取。如果你不能改掉眼高手低的坏毛病，那么，不但初入社会就容易遭遇挫折，以后的社会旅程也会布满荆棘。

20世纪70年代，麦当劳公司看好了中国市场，决定在当地培训一批高级管理人员。他们最先选中了一位年轻的企业家。让那个企业家没有想到的是，第二天一上班，总裁就先让他去打扫了厕所。后来他晋升为高级管理人员，看了公司的规章制度后才知道，麦当劳公司训练员工的第一课就是先从打扫厕所开始的，就连总裁也不例外。

创维集团人力资源总监王大松曾经说："年轻人只有沉得下来才能成就大事。无论你多么优秀，到了一个新的领域或新的企业，刚出校门

做人圆通　做事变通

就只想搞策划、搞管理，可是你对新的企业了解多少？对基层的员工了解多少？没有哪个企业敢把重要的位置让刚刚走出校门的人来掌管，那样做无论对企业还是对毕业生本人都是很危险的事情。"

所以，要想获得事业的成功，就先去掉身上的浮躁之气，培养起务实的精神，扎扎实实打好基础，基础打好了，你事业的大厦才可能拔地而起。

戒掉浮躁之气并不困难，只需把自己看得笨拙一些。这样你就很容易放下什么都懂的假面具，有勇气袒露自己的无知，毫不忸怩地表示自己的疑惑，不再自命不凡、自高自大，培养起健康的心态。这有利于更快更好地掌握处理业务的技巧，提高自己的能力，还能给上司和同事留下勤学好问、严谨认真的好印象。

拥有笨拙精神的人，可以很容易地控制自己心中的激情，避免设定高不可攀、不切实际的目标，不会凭着侥幸去瞎碰，也不会为了潇洒而放纵，而是认认真真地走好每一步，踏踏实实地用好每一分钟，甘于从不起眼的小事做起，并能时时看到自己的差距。

认真扎实地去做基础工作，是培养务实精神的关键。越是那些别人不屑去做的工作，你越要做好。工作能力是有层级的，只有从基础做起，处理好小事，才能打好根基，培养起处理大事的能力。

你还要保持一种平常心，坦然地去面对一切。如果小有成就，也不需太得意，如果遇到挫折，也不要消极失望。"不以物喜，不以己悲"的心态，会使你更加关注自己的工作，并集中精力做好它。

此外，还要切忌急于求成。事业的成功需要一个水到渠成的过程，急于求成可能导致功败垂成。

第八章 做人简单 做事三思
——前后排列迸发圆通和变通的无比威力

人的成长是需要一个过程的,这个过程不是任何文凭、学位可以缩短或替代的,否则就会出现断层,就会成为空中楼阁。"没有人能随随便便成功",这是一句歌词,也是一条真理。"随便"是指空想、浮躁,只有去掉这些,发扬务实的精神,万丈高楼才能平地而起。初入社会是一个人的品质和生涯定格的时期,如果你能在这个时期树立起务实的精神,扎扎实实地练就基本功,那么还有什么能阻碍你成功呢?

不管你从事哪一行哪一业,成功都自有其既定的路径和程序,一步一步地来,步步为营步步赢,成功自然会在不远的地方等着你,想一步登天,成功就会跑得比你更快,你永远都追不上。

没搞清楚之前,不要轻易作决定

一个所谓的聪明人,他虽然是个犹太教法学家,但事实上他只是个教士,他什么也不懂。但人们知道他,他是个聪明人。他从附近的一个村庄回家。在路上,他看见一个人带了一只美丽的鸟。他买下了鸟,开始想:"这只鸟如此美丽,回家后我要吃了它。"忽然鸟儿说:"不要有这样的念头!"教士吓了一跳,他说:"什么,你听见我说话?"鸟儿说:"是的,我不是一只普通的鸟。我在鸟的世界里也几乎是个法学专家。我可以给你三个忠告,如果你答应放我并让我自由。"法学家自言自语地说:"这只鸟会说话,它一定是有学问的。"

做人圆通　做事变通

我们就是这么决定的——如果有人会说话,他一定明智!说话那么容易,明智是非常困难的——它们互相毫无关联。你可以说话而不明智,你可以明智而不说话,没有关系。但对于我们,一个说话的人就成了明智的人。

法学家说:"好,你给我三个忠告我就放了你。"鸟儿说"第一个忠告——永远不要相信谬论,无论谁在说它。他可能是个伟人,闻名于世,有威望、权力和权威——但如果他在说谬论不要相信它"。教士说:"对!"鸟儿说:"这是我的第二个忠告——无论你做什么,不要尝试不可能,因为那样的话你就会失败。所以要始终了解你的局限:一个了解自己局限的人是聪明的,一个试图超出自身局限的人会变成傻瓜。"法学家点头说:"对!"鸟儿说:"这是我的第三个忠告——如果你做什么好事,不要后悔。"

忠告是精妙的,美丽的,于是这只鸟被放了。法学家开始高兴地往家里走,他脑子里想着:"布道的好材料,在下星期的集会上当我演讲时,我会给出这三个忠告。我将把它们写在我房间的墙上,我将把它们写在我的桌子上,这样我就能记住它。这三条准则能够改变一个人。"

正在这时,他突然看见那只鸟站在一棵树上,鸟儿开始放声大笑。法学家说:"怎么回事?"鸟儿说:"你这个傻瓜,在我肚子里有一颗非常珍贵的钻石,如果你杀了我,你会成为世界上最富有的人。"法学家心里后悔:"我真愚蠢。我干了什么,我居然相信了这只鸟。"

他扔掉他带着的书本开始爬树。他——是个老人,他一生中从未爬过树。他爬到高处,正当他要抓住鸟儿的那一刻,它飞走了。他失脚从树上摔下来,血流了出来,摔断了两条腿,他濒临死亡。那只鸟又来到一条稍低的树枝上说："看，你相信了我，一只鸟的肚子里怎么会有珍贵的钻石？你这傻瓜！你听说过这种谬论吗？随后你尝试了不可能——你从没有爬过树。当一只鸟儿自由时，你怎么能空手抓住它，你这傻瓜！你在心里后悔，你做了一件好事却感到做错了什么，你使一只鸟儿自由了！现在回家去写下你的准则，下星期到集会上去传播它们吧。"

对于这样的法学家，人们肯定会有太多的结论。也许有人会认为他是贪婪的，对，他确实是贪婪的，他一听到鸟说自己的肚子里面有颗钻石便想要重新逮到它。也许还有人会说他是愚蠢的，他也确实是愚蠢的，硬要相信鸟的肚子里有什么珍贵的钻石。也许……有太多的也许，也有太多的可能存在。但我们可以换一个角度来理解。法学家之所以放了鸟儿又想要把它逮住，并最终摔断了腿，这一切都是因为他并没有实实在在地把问题想清楚，在这种情况下，就草率地下了结论。如果他仔细地思考了问题，那么连常人都知道的鸟肚子里不可能有钻石的问题他更应该知道，那样他也就不致现出后来的结局了。

对问题没有想清楚便轻易做出了结论，再加上他那固有的贪念，法学家最终付出了惨痛代价。

凡事三思，想想后果

只图眼前一时的快乐，不顾自己的行为对日后的影响的人注定是不

做人圆通　做事变通

会得到成功的。真正的聪明人，都为自己的事业制订了明确的目标，并围绕着目标，科学地规划自己的工作。他们每做一件事，都会事先考虑这件事的后果对自己的目标有什么影响，如能产生正面的影响，自然会认真去做，若产生负面影响，就主动放弃，或者作出适当的调整。

很多人在处理事情时总爱盯着眼前，从不考虑日后的影响，比如在交际过程中，图一时之利，把交际的对象分作三六九等，从而戴上有色眼镜，对那些有权有势或对当前能产生影响的人尊重有加，而对那些小人物或当时看似无关紧要的人却不屑于理睬。比如，办公室里的那位满脸长满粉刺的文书小姐，你对她不屑一顾，可是不久她就被提拔为老板的秘书。再比如，你同事的车子坏了，在你开车路过他面前时，他向你招手，而你正赶着要去参加一个重要的会议而没有顾得上理他，两年后他成为你的主管，如果他还想着这事，难免不会给你"穿穿小鞋"。

对此刘易斯的教训就很深刻，他在一家公司任生产部经理时，曾将一位前来推销产品的销售员粗鲁无礼地赶出办公室，当时正赶上他工作太忙，心情不太好。一年后，他再见到那位销售员时，销售员已经转到他的一家大客户那里，在供应部里任职，而且一眼就把刘易斯认了出来。刘易斯心中暗暗叫苦，怕对方报复。果然，那家大客户给他公司的订单渐渐地减少。老板知道了缘由后，就把刘易斯调离了生产部。

这些事并不是说你在生活或工作中，绝对不能冒犯别人。为了成功，你必须敢于表达自己，敢于陈述自己的观点，但是也必须注意，争执和分歧必须有理有据，再就是要对事不对人，同对方做好沟通，做到让对方心服口服。

在处理任何事情时，都有短程的价值和长程的价值。短程和长程的

第八章　做人简单　做事三思
——前后排列迸发圆通和变通的无比威力

价值有时是一致的，但有时是互相冲突的。你必须事先考虑其对未来的影响，千万不可只图眼前的利益而作出错误的决定。

杨洋选择的第一家公司虽然名气不大，但是从事业的发展来看很有前途，只是薪水和福利待遇居于同行业中等水平。杨洋家庭经济基础差，所以非常渴望得到一份薪水高的工作，好靠银行按揭买一套房子。

一天，有一家公司同他秘密接触，想把他挖过去。当然，开出的条件也很诱人，薪水多一倍，福利待遇也很优厚，但是，这家公司由于不正当竞争而声名狼藉，一些人才都跳槽走了，公司经营每况愈下。他权衡再三，终于忍不住薪水和福利的诱惑，跳槽加入了那家公司。两年后，那家公司破产了。他因为有了这段不光彩的职场纪录，求职时遇到了很大的麻烦。杨洋真是后悔莫及，谁让他当初没有考虑到这一点呢？

衡量你的行为对将来的影响，其实并不困难。你的目标便是衡量的尺度，是你做任何事的指南，只有对目标的达成有促进作用的行动才应该进行，否则就应该放弃。

当你对某件事作出决定时，你要事先考虑对你的目标会有什么影响，如果有悖于你的目标，或者打乱了你的规划，那么，你就不要去做。

当然，随着形势的变化，你的目标也会改变。当你的目标已经发生改变，即使是一点点，你也应该重新审视你目前的行为。为了配合日后你所期望的结果，你应该对你的行为作出必要的调整。否则，你不合时宜的行为必定会对你的将来产生坏的影响。所以，凡事都应该考虑其对未来的影响，才会使你不再犯一些不该犯的错误。而一个少犯错误的人，往往会赢得同事的尊重和上司的青睐，在奋斗拼搏的道路上，走得既稳又快，成功的概率也会大大提高。

你可以把岁月当成一首歌，但绝对不能把人生当成一场游戏。"game over"以后你还可以将手一挥说：重新开始。人生"over"以后你还有如此神力吗？凡事都要三思而后行，想想后果是否在你的承受范围之内，这样你的人生才会无憾无悔。

外圆而内方是做人之守则

做人处世，无刚不立，但过刚则易折。如何克服这一矛盾呢？外圆内方是个不错的选择。也就是说为人要品性刚正，但又要讲究谋略，柔中有刚，刚中带柔，刚柔并济，如此才是做人的至高境界。

清代的张之洞为官几十载，两袖清风，真正是"出淤泥而不染，濯清涟而不妖"，同时他又纵横捭阖，叱咤风云，在晚清黑暗腐败的官场里入阁拜相，成为一代名臣。

张之洞的成功，不仅是源自他的学识，还得益于他做人老道，进退有度刚柔并济。张之洞虽然生性忠直，勇于针砭时事，敢于纠弹朝中要员，赢得人们的赞赏和钦佩。但他即使在声名隆盛之时也没有忘乎所以，他能及时保持清醒的头脑。这正是张之洞做人的聪明之处。

其实张之洞虽正直，但又善于设防自保；他既有主见和个性，又不失灵活性。也就是既富于刚性，又不失弹性，具有刚柔相济的性格，是一个外圆内方的政治家，外表像柔软的海绵，骨子里却如同钢铁。他崇

第八章 做人简单 做事三思
——前后排列迸发圆通和变通的无比威力

尚做人要圆通,是一种宽厚、融通,是大智若愚,是与人为善。他的这种性格与他的大胆直谏看似矛盾,其实并不如此。

当时清流党中的张佩纶、邓承修等人受一系列直谏成功的鼓舞,热血奔涌,愈加放肆。他们纷纷上疏,弹劾一系列贪污受贿或昏庸误政的官员。而张之洞并不欣赏他们的这些做法,他认为一个人如果一味刚直、锋芒毕露、咄咄逼人,不仅容易惹火烧身、招致祸端,而且常常有性命之忧。那种逞血气之勇、图一时痛快的做法,绝非智者所为。身处你死我活、激烈竞争的官场漩涡之中,谁敢说自己能够永远做官场上的不倒翁?

身处其中的真正聪明人,总是善于想方设法保护自己,躲避陷阱,绕开虎口狼窝。尤其是位高权重者,每每成为众矢之的,树大招风,爬得越高,跌得就越惨,最后落得个身败名裂。所以张之洞遇事总是思前想后,留有余地,凡事都力争有所回旋。比如他每次上奏进谏,虽然言辞激烈、慷慨激昂,但常常是针对事件有感而发,一般不直接将矛头对准某个人,也就是说他注重就事论事,通过事情论证是非曲直,而不搞人身攻击,即便是因为事件本身不得不触及某人,他也尽量减少对人物的斥贬,而是着重抨击事情的荒谬,这样就给人以光明磊落之感,既避免让局外人误认为是泄私愤,又让对手抓不住任何把柄。因此张之洞在官场上游刃有余,既善于出击,又巧于自保。

张之洞是一个成熟老到的政治家,他老谋深算,进退有术,处处为自己留下退路。他不结宗派、树私党,常常标榜自己"立身立朝之道,无台无阁,无湘无淮,无和无战""既和又不能同,既群又不能党"。在从政之中,由于政见趋同,很自然的会有至交好友。众所周知,当

做人圆通　做事变通

初在京纵论时政时，张之洞附着李鸿藻这样的阁臣，成为清流党的"牛角"，而且在1876年底至1881年的四年多时间里，其笔锋所向、触角所至，也无可辩驳地显示他是清流党的重要成员，但他却时时处处竭力否认自己是清流党成员。

在被人视为"清流党"的头面人物中，张佩纶、陈宝琛等人招怨最多，而张之洞确乎遭人攻讦不多，这正是因为他这个"清流党"重在言事而少言人。张佩纶、陈宝琛，今天弹劾这个，明天弹劾那个，积怨甚多。

而张之洞即使对自己的政敌也是虚与委蛇，尽管他纵横捭阖，但尽量不贸然得罪他人。慈禧重用张之洞，本有分李鸿章之势的用心，避免李鸿章集大权于一身。张之洞虽然与李鸿章在很多方面意见不一致，如甲午之战时，李鸿章主和，张之洞主战，李鸿章视张之洞为"书生之见"。但张之洞表面上还是表现出对李鸿章的极大推崇，据说当李鸿章七十寿辰时，张之洞为他作寿文，忙活了两天三夜，这期间很少睡觉。琉璃厂书肆将这篇寿文以单行本付刻，一时间洛阳纸贵，成为李鸿章所收到的寿文中的压卷之作。张之洞如此处理与李鸿章的关系，显然包含着深刻的外圆意识。

他的外圆谋略还表现在对光绪帝废除与否的问题上。戊戌变法之后，张之洞鉴于西太后的威严，对废除光绪皇帝之事一直不表态，总是含糊其词，既不明说支持，又不明说反对，常常推说这是皇室家事。从他对这件事的态度上，更可看出张之洞的聪明老练、圆滑狡黠。正是因为张之洞做人的成功，他才能在官场上既如鱼得水，又出淤泥而不染，既抓住一切机会让朝廷赏识自己，又运筹帷幄为百姓办实事，成为名震中外的"圣相"。

柔与忍的做人哲学在张之洞的身上得以充分地体现,其运用之精妙令人赞叹。

古往今来,有许多自诩机敏之士于风雨飘摇中遭遇不幸,这往往是因为他们不懂得左右逢源、圆滑处世,且行为脱俗、锋芒毕露而招惹嫉妒。如果能学会外圆内方,以柔忍之术做人,想必就不会那样不幸,而是可以更好地展现才华,为国为民尽心尽力了。